全国水利水电高职教研会规划教材

建筑工程技术专业适用

建筑工程测量实训

主　编　谷云香
副主编　刘　岩　张　博　李金生
　　　　刘庆东　马　驰
主　审　蓝善勇

U0249518

中国水利水电出版社
www.waterpub.com.cn

内 容 提 要

本书共有5章,第1章为实训前必读知识及要求;第2章为测量基本技能实训,包括9个项目;第3章为行业通用测量能力实训,包括8个项目;第4章为专业测量能力实训,包括11个项目;第5章为测量综合能力实习训练。

本书具有较强的实用性、通用性和可操作性,可作为高职高专院校等建筑工程技术、工程建设监理、工程造价、市政工程、给水与排水、房地产经营与管理等专业的实训教材;也可供土木建筑类其他专业、中职学校相关专业的师生及工程建设与管理相关专业的工程技术人员阅读和参考使用。

图书在版编目(C I P)数据

建筑工程测量实训 / 谷云香主编. -- 北京 : 中国
水利水电出版社, 2013.6
 全国水利水电高职教研会规划教材. 建筑工程技术专
业适用
 ISBN 978-7-5170-0944-3

 Ⅰ. ①建… Ⅱ. ①谷… Ⅲ. ①建筑测量-高等学校-
教材 Ⅳ. ①TU198

中国版本图书馆CIP数据核字(2013)第146013号

书　　名	全国水利水电高职教研会规划教材　建筑工程技术专业适用 **建筑工程测量实训**
作　　者	主编　谷云香　　主审　蓝善勇
出版发行	中国水利水电出版社 (北京市海淀区玉渊潭南路1号D座　100038) 网址:www.waterpub.com.cn E-mail:sales@waterpub.com.cn 电话:(010)68367658(发行部)
经　　售	北京科水图书销售中心(零售) 电话:(010)88383994、63202643、68545874 全国各地新华书店和相关出版物销售网点
排　　版	中国水利水电出版社微机排版中心
印　　刷	北京纪元彩艺印刷有限公司
规　　格	184mm×260mm　16开本　7.5印张　178千字
版　　次	2013年6月第1版　2013年6月第1次印刷
印　　数	0001—3000册
定　　价	**18.00元**

前言
qianyan

本书是全国水利水电高职教研会建筑工程技术专业组土建专业系列规划教材之一，是按照国家高等职业技术教育的发展及高等职业技术教育的特点而编写的《建筑工程测量》的配套实训教材。本书编写侧重于培养应用型人才，注重培养学生的动手操作能力，突出了建筑工程测量单项技能和综合能力的训练。

本书编写全部依据最新规范、标准，对基本概念、基本内容、基本方法的阐述力求简明扼要，条理清晰，图文结合，易懂易记。

在编写中，依据"高等职业教育土建专业教育标准和培养方案及主干课程教学大纲"，参考了现有相关教科书的体系，并突出了实用性、通用性和可操作性，每个项目后编写了相关支撑知识点，方便实训时使用。

本书由辽宁水利职业学院谷云香副教授任主编并负责全书统稿，由广西水利电力职业技术学院蓝善勇教授主审。参与本书编写的老师及编写情况如下：辽宁水利职业学院刘岩编写了第3章的项目2，辽宁水利职业学院张博编写了第2章项目9，辽宁水利职业学院李金生编写了第3章项目4，四川电力职业技术学院刘庆东编写了第4章项目11，辽宁省交通高等专科学校马驰参与编写了第4章项目10的部分内容，辽宁水利职业学院谷云香编写了本书其他全部内容。

本书在编写过程中参考了已有同类教材，并参考和引用了有关文献和资料，在此，谨向教材、文献的作者致以衷心的感谢。全国水利水电高职教研会建筑工程专业组的组长及各位专家对本书的编写提出了一些宝贵意见，特表示真诚的谢意，也向关心、支持本教材编写工作的所有同志们表示谢意。

圄于作者水平，书中难免会出现差错或不当，敬请读者和专家不吝指正。

编　者
2013 年 4 月

目　　录

第1章 实训前必读知识及要求

建筑工程测量是一门实践性很强的专业技术基础课,测量实训是课程教学中非常重要的一个环节,学生通过参加实训,亲自操作测量仪器,进行安置、观测、记录、计算、编写实训报告等各项实践训练,才能真正掌握建筑工程测量的基本方法和基本技能。因此,应认真对待测量实训课程,重视实训过程中的每一个环节,特别是每次实训前应仔细阅读本章的基本知识,且要牢牢记住。

1.1 总体规定与要求

为了保证实训效果和质量,每次实训课每个学生均应遵守下列规定与要求。

(1) 实训前应认真学习建筑工程测量教材中的有关章节及实训教材中的相关内容,弄清基本概念、基本原理和基本方法,了解实训目的、要求、方法、步骤和有关注意事项。

(2) 实训前按实训教材中各项实训任务的要求,准备好所需物品和文具,如铅笔、小刀、三角板和计算器等。

(3) 实训时需携带《建筑工程测量实训》教材,以参照其中操作步骤进行实训,并在其中相关表格内进行记录和计算。

(4) 实训分小组进行,实行组长负责制,组长应全面组织和管理本组的实训工作,及时与指导教师沟通和协调。每个小组应听从教师的指导,严格按照实训要求,认真、及时、独立地完成实训任务。

(5) 每次实训前和实训结束时,组长应组织本组学生按"1.2.1 仪器工具的借用与管理规定"办理所用仪器和工具的借领和归还手续,并将仪器拿到指定地点放好。

(6) 实训应在规定时间内进行并完成,不得无故缺席或迟到、早退;应在指定的场地进行,不得擅自改变地点;不得在实训期间玩弄手机等电子产品。

(7) 实训中观测数据应规范、工整地记录在规定表格及栏目中。如果发现记录数据有错误,不得用橡皮擦拭或随意涂改。正确做法是用细线在错误数字上划一横线,并在原数字上方写上正确数字,同时在备注栏内写明原因。

(8) 实训中当有仪器出现故障、工具损坏或丢失等情况发生时,应及时向指导教师报告,待指导教师查实后给出处理意见,学生不得随意自行处理。

(9) 在实训过程中应养成在现场边测量边对观测结果进行必要的计算和成果检核的习惯,以便尽早发现问题。若发现观测成果不符合要求,应及时进行补测或返工重测。

(10) 每次实训将要结束时,应把观测记录计算并检核后的成果交指导教师审阅。经教师认可后,方可收仪器和工具,做必要的清洁工作,向测量实训室归还仪器和工具,结束实训。

（11）每次实训结束后，每个小组应由组长提交实训原始记录，每个同学均应按指导教师的要求提交实训报告。

1.2　测量仪器的借用与操作使用要求

测量仪器属较精密贵重的设备，应按正确方法操作使用，并要精心爱护和科学保养。

1.2.1　仪器工具的借用与管理规定

（1）由学习委员或课代表负责联系实训室仪器管理老师，以实训小组为单位，由组长组织本组同学借用测量仪器和工具，并按实训室规定办理借领手续。

（2）借领时，按实训书上本次实训的仪器工具要求或实训指导教师的要求当场清点核对仪器型号、数量，并检查仪器工具是否完好，然后领出。

（3）搬运前应认真检查，保证仪器箱为锁好状态；搬运时应轻取轻放，不能乱晃，避免剧烈振动和碰撞。

（4）实训过程中各组间不得私自调换仪器、工具，并实行"哪组借用哪组负责管理"和"谁使用谁负责保管"的责任制。

（5）实训结束时，应按正确方法及时收装仪器、工具，清除仪器上的灰尘及脚架和尺端的泥土等，锁好仪器箱，送还仪器室检查验收。仪器工具如有遗失或损坏，应写出书面报告说明情况，并按有关规定给予赔偿。

1.2.2　仪器的操作使用要求与注意事项

1. 仪器的安装

（1）先将仪器的三脚架在地面安置稳妥，安置仪器除了按要求对中、整平外，若为泥土地面，应将三脚架脚尖踩入土中，若为坚实地面，应防止三脚架脚尖有滑动的可能性。

（2）开箱取仪器时，仪器从箱中取出之前应仔细查看仪器在箱中的正确放置位置，以便顺畅装箱。自箱内取出仪器时，不能用一只手抓仪器，应一只手握住照准部支架，另一只手扶住基座部分，轻拿轻放。安置时应先松开制动螺旋，轻轻安放到三脚架头上，一只手握住仪器，一只手拧连接螺旋，直到拧紧连接螺旋，保证仪器与三脚架连接牢固。

（3）仪器安置完后，应及时关闭仪器箱盖，防止灰尘等进入箱内，严禁人坐在仪器箱上或在仪器箱上放书包等物品。

2. 仪器的使用

（1）仪器安置后，不论是否在观测，均应有人看管。禁止无关人员拨弄，不能让过路行人、车辆等碰撞。

（2）仪器镜头上的灰尘，应该用仪器箱中的软毛刷拂去或用镜头专用布轻轻擦去，严禁用手指或手帕等擦拭，以免损坏镜头上的药膜，观测结束应及时套上物镜盖。

（3）强阳光下观测时，应撑伞防晒；雨天应禁止观测；对于电子测量仪器，在任何情况下均应撑伞防护。

（4）转动仪器时，应先松开制动螺旋，然后平稳转动；使用微动螺旋时，应先旋紧制动螺旋，但切不可拧得过紧；微动螺旋不要旋到顶端，即应使用中间的一段螺纹。

（5）仪器在使用中发生故障时，应及时向指导教师报告，不得自行处理。

3．仪器的搬迁

（1）近距离或在行走方便的地段迁站时，可以将仪器连同三脚架一起搬迁。先检查连接螺旋是否旋紧，松开各制动螺旋，如为经纬仪，则将望远镜物镜向着度盘中心，均匀收拢各三脚架腿，左手托住仪器的支架或基座，右手抱住脚架，稳步前行。严禁在肩上斜扛仪器搬迁。

（2）在行走不便的地段搬迁测站或远距离迁站时，应将仪器装箱后再搬。

（3）迁站时注意将仪器所有附件及工具等带走，避免遗失。

4．仪器的装箱

（1）仪器使用完毕后，应清除仪器上的灰尘，套上物镜盖，松开各制动螺旋，将脚螺旋调至中段并使大致同高。一只手握住仪器支架或基座，一只手旋松连接螺旋，并用双手从脚架头上取下仪器。

（2）仪器应按正确位置放入箱内。仪器放完后先试关箱盖，若箱盖合不上口，说明仪器放置位置不正确，应重新放置，切不能强行压箱盖，以免损伤仪器。确认仪器放好后，拧紧仪器各制动螺旋，然后关箱、按扣、锁紧。

（3）清除箱外的灰尘和三脚架脚尖上的泥土。

（4）清点仪器附件和工具。

5．测量工具的使用要求

（1）使用钢尺时，应使尺面平铺地面，防止扭转、打圈，防止行人踩踏或车轮碾压，尽量避免尺身沾水。量好一尺段再向前量时，必须将尺身提起离地，携尺前进，不得沿地面拖尺，以免磨损尺面刻划甚至折断钢尺。钢尺用完后，应将其擦净并涂油防锈。

（2）水对皮尺的危害更大，皮尺若受潮，应晾干后再卷入盒内，卷皮尺时切忌扭转卷入。

（3）使用水准尺和标杆时，应注意立直，防止倾斜、倒下等，防止尺面分划受磨损，更不能用标杆做棍棒使用。

（4）对于垂球、测钎、尺垫等小件工具，应用完即收，防止遗失。

1.3　测量数据记录与计算规定

在测量工作中，一般的数据记录与计算规定如下。

（1）观测数据应直接记录在规定的表格中，不得用其他纸张记录后再转抄。

（2）记录表格上规定的栏目应填写齐全，不能空白不填。

（3）观测者读数后，记录者应立即复读数据，核实后再记录。

（4）所有记录与计算用 2H 或 HB 等绘图铅笔填写。记录字体应端正清晰、数字齐全、数位对齐，一般字体大小应略大于格子的一半，字脚靠近底线，以便留出空隙改错。

（5）记录的数据应写全规定的位数，规定的位数与精度要求有关。一般普通测量数据位数的规定见表 1.1。

表 1.1 普通测量数据位数的规定

数据类型	数据单位	应记录的位数
水准测量中的数据	米（m）	三位（小数点后）
量距中的数据	米（m）	三位（小数点后）
角度的分	分（′）	二位
角度的秒	秒（″）	二位

（6）禁止擦拭、涂抹与挖补。若发现错误，应在错误数字上用细线划一横线。某整个部分出现问题不要时可画斜线表示。不得使原始数字模糊不清。若局部（非尾数）错误时，则将局部数字划去，将正确数字写在原数字上方。所有记录的修改和观测成果的作废，必须在备注栏注明原因，如测错、记错或超限等。

（7）观测数据的尾数部分不准更改，应将该部分观测值废去重测。

（8）禁止连续更改，如角度测量中的盘左、盘右读数；距离丈量中的往、返测读数等，均不能同时更改，否则重测。

（9）数据的计算应根据所取的位数，按"4 舍 6 入，5 前单进双舍"的规定进行凑整。如取至毫米位，2.3084m、2.3076m、2.3085m、2.3075m 均应记为 2.308m。

（10）每测站观测结束后，必须在现场完成规定的计算和检核，确认无误后方可迁站。表示精度或占位的"0"均不能省略，如水准尺读数 2.32m，应记为 2.320m；角度读数 $46°3′8″$，应记为 $46°03′08″$。

1.4　测量实训报告格式与要求

1.4.1　实训报告封皮参考样式

××××学院（或学校）

《建筑工程测量》实训（或实习）报告

项目编号：＿＿＿＿＿＿＿＿＿＿＿

项目名称：＿＿＿＿＿＿＿＿＿＿＿

实训地点：＿＿＿＿＿＿＿＿＿＿＿

专业班级：＿＿＿＿＿＿＿＿＿＿＿

姓　　名：＿＿＿＿＿＿＿＿＿＿＿

学　　号：＿＿＿＿＿＿＿＿＿＿＿

组　　别：No.＿＿＿＿＿＿＿＿＿

组　　长：＿＿＿＿＿＿＿＿＿＿＿

小组成员：＿＿＿＿＿＿＿＿＿＿＿

指导教师：＿＿＿＿＿＿＿＿＿＿＿

日　　期：＿＿＿＿＿＿＿＿＿＿＿

1.4.2　文本内容要求

（1）封面。实训（实习）名称、地点、日期、专业、班级、组别、姓名、学号、小组成员、组长、指导教师等。

（2）目录。列出本报告的主要内容。

（3）前言。说明实训目的、任务与要求、写报告人在小组中的角色及具体任务等。

（4）正文内容。实训（实习）项目名称、程序、方法与步骤、精度、观测记录、计算成果及示意图等，按实训（实习）顺序逐一编写。

（5）结束语。实训（实习）心得体会、意见和建议等。

1.4.3　撰写规范化及格式要求

（1）书写要求。应使用 A4 纸用钢笔书写或打印，并装订规整。若打印，应采用 A4 纸，目录用四号宋，并注明页码，中间用"……"字符相连；正文中标题用四号宋，正文内容用小四号宋，行间距为单倍行距；页面设置上、下、左、右均为 2cm。

（2）文字要求。文笔通顺，字迹工整，语言流畅，无错别字。

（3）图表要求。所有表格最好采用打印表格，如果可能提倡用 EXCEL 进行计算和打印。

（4）图纸要求。图纸的绘制、尺寸标注均应符合测量图式的要求。

（5）所有附图、附表应按章编号。

第2章 测量基本技能实训

项目1 水准仪的认识与使用

1．实训目的

(1) 搞清 DS$_3$ 水准仪的基本构造和性能，认识其主要构件的名称和作用。

(2) 能正确进行水准仪的基本操作。

2．任务与要求

根据学校仪器设备的情况可选择微倾式水准仪或自动安平水准仪进行实训。在教师的指导下主要完成下列任务：①搞清 DS$_3$ 水准仪的外形和主要部件的名称、作用及使用方法；②认清水准尺的刻划特点和注记形式；③进行水准仪的安置、粗平、瞄准、精平（自动安平水准仪不需要）、读数和高差计算的练习。

3．实训方式及学时分配

(1) 分小组进行，4～5 人一组，小组成员要团结协作，轮流操作。

(2) 学时数为 2 学时，可安排课内完成。

4．仪器、工具及附件

(1) 每组借领：DS$_3$ 水准仪 1 台，三脚架 1 副，水准尺 1 对。

(2) 自备：记录板 1 块，铅笔 1 支，测伞 1 把。

5．实训步骤简述

(1) 认识水准仪和水准尺。先由指导教师安置 1 台水准仪，集中给同学们讲解水准仪的主要部件名称、构造、组成及水准尺的刻划特点、注记形式及读数要求；然后学生分组后再进一步熟悉。

(2) 操作使用水准仪。水准仪的基本操作程序：安置—粗平—瞄准—精平—读数。

实训时可由教师先示范操作一遍，然后学生分组进行练习。

(3) 练习水准测量的记录计算。按要求在水准测量读数记录计算表中练习，并计算两水准尺立尺点的高差。

6．实训中注意事项

(1) 仪器安放到三脚架架头上，最后必须旋紧连接螺旋，使连接牢固。

(2) 水准仪在读数前，必须使长水准管气泡严格居中（自动安平水准仪除外）。

(3) 读数前必须消除视差。

(4) 从水准尺上读数必须读 4 位数：米(m)、分米(dm)、厘米(cm)、毫米(mm)。

7．记录计算表

水准测量读数记录计算表见表 2.1。

表 2.1　　　　　　　　　　　　　　　水准测量读数记录计算表

测站	测点	水准尺读数（m）		高差 h（m）	平均高差 $\bar{h}$（m）
		后视	前视		

8. 提交成果

（1）学生课前自主学习小结（每小组 1 份，课前展示）。

（2）小组提交本次实训记录计算练习表。

（3）每个人提交实训报告 1 份。

相关支撑知识

知识点 1：DS₃ 水准仪的外形和主要部件的名称。

图 2.1 所示为 DS₃ 型微倾式水准仪的外形及各部位名称；图 2.2 所示为苏一光 NAL124 自动安平水准仪的各部件名称；图 2.3 所示为 DZS₃—1 自动安平水准仪的各部件名称。

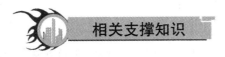
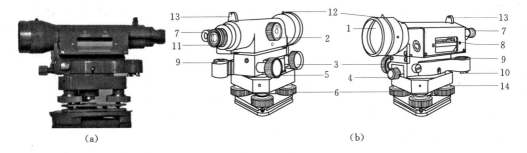

（a）　　　　　　　　　　　　　　　　　（b）

图 2.1　DS₃ 型微倾式水准仪的各部位名称

1—物镜；2—物镜调焦螺旋；3—水平微动螺旋；4—水平制动螺旋；5—微倾螺旋；
6—脚螺旋；7—符合气泡观察镜；8—管水准器；9—圆水准器；10—圆水准器
校正螺钉；11—目镜调焦螺旋；12—准星；13—照门；14—基座

知识点 2：双面水准尺。

双面水准尺常用于三、四等水准测量。其长度有 2m 和 3m 两种，且两根尺为一对。尺的双面均有刻划，一面为黑白相间，称为黑面尺（也称主尺）；另一面为红白相间，称

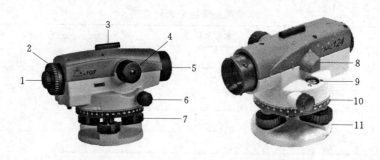

图 2.2　苏一光 NAL124 自动安平水准仪的各部件名称

1—目镜；2—目镜调焦螺旋；3—粗瞄器；4—物镜调焦螺旋；5—物镜；6—水平微动螺旋；

7—脚螺旋；8—反光镜；9—圆水准器；10—刻度盘；11—基座

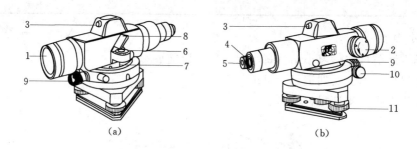

（a）　　　　　　　　　　　　　　　　　（b）

图 2.3　DZS$_3$—1 自动安平水准仪的各部件名称

1—物镜；2—物镜调焦螺旋；3—粗瞄器；4—目镜调焦螺旋；5—目镜；

6—圆水准器；7—圆水准器校正螺钉；8—圆水准器反光镜；

9—制动螺旋；10—微动螺旋；11—脚螺旋

为红面尺（也称辅尺）。

以 3m 尺为例，两面的刻划均为 1cm，在分米处注有数字。测量时两根尺要配对使用，两根尺的黑面尺尺底均从 0.000m 开始，而红面尺尺底，一根从 4.687m（或 4.487m）开始，另一根从 4.787m（或 4.587m）开始。在视线高度不变的情况下，同一根水准尺的红面和黑面读数之差应等于常数 4.687（4.487）m 或 4.787（4.587）m，这个常数称为尺常数，用 K 表示，以此可以检核读数是否正确。配对的两根尺的尺常数相差 100 mm。

知识点 3：水准仪的操作使用方法与步骤。

（1）DS$_3$ 型微倾式水准仪的使用与操作步骤为：安置仪器—粗略整平—瞄准水准尺—精确整平与读数。

粗略整平简称粗平。操作方法：按左手大拇指原则，即整平过程中气泡的移动方向与左手大拇指运动的方向一致。如图 2.4 所示，假设气泡偏离中心于 a 处，可先选择脚螺旋①、②，并双手以相对方向分别转动两个脚螺旋，使气泡移至①、②脚螺旋连线的中垂线上 b 处；再转动脚螺旋③使气泡居中。在实际操作过程中，以上工作应反复进行，直至使仪器在任何位置气泡都居中为止。

（2）自动安平水准仪的使用。自动安平水准仪不需"精平"这一步，其他操作方法同

DS$_3$ 型微倾式水准仪。主要操作步骤为：安置仪器—粗平—瞄准—直接用中丝在水准尺上读数，即得到视线水平时的读数。

读数时应先观察自动报警窗的颜色，如全窗是绿色，则可读数，如窗的任一端出现红色，则说明仪器倾斜量超出了安平范围，应重新整平仪器后再读数。

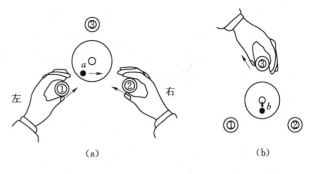

图 2.4 粗略整平过程

（1）DS$_3$ 水准仪的基本构造组成有哪些？各起什么作用？

（2）DS$_3$ 水准仪的基本操作方法和步骤是什么？

项目 2 普 通 水 准 测 量

1. 实训目的

（1）能进行普通水准测量一个测站和一条水准路线的施测。

（2）能进行普通水准测量的观测、记录、高差闭合差调整及高程计算。

2. 任务与要求

按普通水准测量要求，施测一条闭合水准路线，路线长度约 400m，设 6～8 站。高差闭合差要求：$f_{h允} = \pm 12\sqrt{n}(\text{mm})$，$n$ 为测站数。

3. 实训方式及学时分配

（1）分小组进行，每小组由 4～5 人组成，轮流分工；1～2 人操作仪器，1 人记录，2 人立水准尺。

（2）学时数为 2 学时，可安排课内完成。

4. 仪器、工具及附件

（1）每组借领：DS$_3$ 水准仪 1 台，三脚架 1 副，水准尺 1 对，尺垫 1 对。

（2）自备：记录板 1 块，铅笔 1 支，计算器 1 个，测伞 1 把。

5. 实训步骤简述

（1）确定施测路线。在指导教师的指导下，选一已知水准点作为高程起始点，记为 BM_A，选择有一定长度（约 400m）、一定高差的路线作为施测路线。一般设 6～8 站。

（2）施测第 1 站。以已知高程点 BM_A 作后视，在其上立尺，在施测路线的前进方向上选择适当位置为第一个立尺点（TP_1）作为前视点，在 TP_1 处放置尺垫，尺垫上立尺。将水准仪安置在距后视点、前视点距离大致相等的位置（可步测），按粗平、瞄准后视尺、精平、读数 a_1，记入记录计算表（表 2.2）中对应后视栏处；再转动望远镜瞄前尺、精平、读数 b_1，将前视读数记入前视栏中。（本次实训只读水准尺黑面）。

（3）计算高差。$h_1 = $ 后视读数 $-$ 前视读数 $= a_1 - b_1$，将结果记入高差栏中。

（4）搬仪器至第 2 站，第 1 站的前视尺不动变为第 2 站的后视尺，第 1 站的后视尺移到转点 TP_2 上，变为第 2 站的前视尺，按与第 1 站相同的方法进行观测、记录、计算。

（5）按选定的水准路线方向依上述程序继续向前施测，直到回到起始水准点 BM_A 为止，完成最后一个测站的观测、记录与计算。

（6）成果校核。计算闭合水准路线的高差闭合差，$f_h = \sum h \leqslant \pm 12\sqrt{n}$（mm），式中 n 为测站数。若高差闭合差超限，应先进行计算校核，若不是计算问题，则应进行返工重测。

6．实训中注意事项

（1）应使水准尺立直，不能倾斜。应采用步测方法，使各测站的前、后视距离基本相等。

（2）尺垫只能放在转点处，已知高程点和待求高程点上均不能放置尺垫。

（3）同一测站，只能粗平一次（测站重测，需重新粗平仪器）；但每次读数前，均应检查水准管符合气泡是否居中，并注意消除视差。

（4）仪器未搬站时，前、后视点上尺垫均不能移动。仪器搬动了，后视尺立尺员才能携尺和尺垫前进，但前视点上尺垫仍不能移动。若前视尺垫移动了，则需从起点开始重测。

（5）测站数一般布置为偶数站。

7．记录计算表

普通水准测量记录计算表见表 2.2。

表 2.2　　　　　　　　　　　**普通水准测量记录计算表**

日期：　　年　　月　　日　　　　　仪器编号：　　　　观测者：　　　　　　　记录者：

测站	测点	后视读数（m）	前视读数（m）	高差（m）	高差改正值（m）	改正后高差（m）	高程（m）	备注
	总和							
检核								

8. 提交成果

（1）学生课前自主学习小结（每小组 1 份，课前展示）。

（2）小组提交普通水准测量记录计算表。

（3）每人交实训报告 1 份。

相关支撑知识

知识点 1：水准仪的操作使用具体方法，见本章项目 1。

知识点 2：普通水准测量的外业施测方法及注意事项，见配套教材。

知识点 3：不同形式水准路线的高差闭合差计算。

测量成果由于测量误差的影响，使得水准路线的实测高差值（$\sum h_{测}$）与应有的理论高差值（$\sum h_{理}$）不相符，其差值称为高差闭合差，用 f_h 表示。即

高差闭合差＝测量高差总和－理论高差总和

$$f_h = \sum h_{测} - \sum h_{理} \tag{2.1}$$

不同形式水准路线的高差闭合差计算公式如下：

（1）闭合水准路线。由于闭合水准路线起止于同一水准点上，应有 $\sum h_{理} = 0$，则高差闭合差为

$$f_h = \sum h_{测} - \sum h_{理} = \sum h_{测} - 0 = \sum h_{测} \tag{2.2}$$

（2）附合水准路线。因是从一个已知水准点附合到另一个已知水准点上，则

$$\sum h_{理} = H_{终} - H_{始}$$

$$f_h = \sum h_{测} - \sum h_{理} = \sum h_{测} - (H_{终} - H_{始}) \tag{2.3}$$

（3）支水准路线。因是沿同一条路线进行往测和返测，故理论上往测与返测的高差总和应为零，即往测与返测的高差绝对值应相等，符号相反。若存在闭合差其值为

$$f_h = \sum h_{往} + \sum h_{返} \tag{2.4}$$

相关测量规范中对不同等级的水准测量的高差闭合差都规定了一个限差，用于检核观测成果的精度。对图根水准测量，高差闭合差的容许值（也称限差）为：

平地　　　　　　　　$f_{h容} = \pm 40 \sqrt{L}(\text{mm}) \tag{2.5}$

山地　　　　　　　　$f_{h容} = \pm 12 \sqrt{n}(\text{mm}) \tag{2.6}$

式中：L 为水准路线长度，km；n 为全线总测站数。

当每千米测站数多于 16 站时，用山地的线路闭合差公式计算高差闭合差。

若水准路线的高差闭合差 f_h 不大于其容许的高差闭合差 $f_{h容}$，即 $|f_h| \leqslant |f_{h容}|$ 时，就认为外业观测成果合格，否则须进行重测，直到符合要求为止。

思　考　题

（1）为什么在水准测量中要求前、后视距离相等？

（2）在水准测量中，计算待定点高程有哪两种基本方法？各在什么情况下应用？

（3）如何区别实测校核与计算校核？简述水准测量中实测校核的测站校核和路线校核方法。

项目 3　四 等 水 准 测 量

1. 实训目的

（1）掌握四等水准测量的观测、记录和计算方法，能进行具体操作和计算。

（2）掌握四等水准测量的主要技术指标，能进行四等水准测量测站及路线检核。

2. 任务与要求

（1）施测一条闭合或附合水准路线，路线长度为 300～400m，以安置 4～6 个测站为宜。

（2）每小组要完成这条闭合导线的四等水准测量的观测、记录、测站计算、高差闭合差调整及高程计算工作。

（3）观测及计算应符合四等水准测量的主要技术指标要求，见表 2.3。

表 2.3　　　　　　　　　　　　四等水准测量的主要技术要求

等级	视线高度（m）	视距长度（m）	前后视距差（m）	前后视距累积差（m）	黑、红面分划读数差（mm）	黑、红面分划所测高差之差（mm）	路线闭合差（mm）
四	>0.2	≤100	≤5.0	≤10.0	3.0	5.0	$\pm 20\sqrt{L}$

注　表中 L 为路线总长，km。

3. 实训方式及学时分配

（1）分小组进行，每小组由 4～5 人组成。1～2 人观测，1 人记录，2 人扶尺，依次轮流进行。

（2）学时数为 4 学时，可安排课内完成。

4. 仪器、工具及附件

（1）每小组借领：水准仪 1 台，三脚架 1 副，双面直尺 1 对，尺垫 2 个。

（2）自备：记录板 1 块，铅笔 1 支，计算器 1 个，测伞 1 把。

5. 实训步骤简述

（1）按要求选取一条闭合或附合水准路线，并沿线标定待定点的地面标志。

（2）在起点与第一个立尺点的中间设站，安置好水准仪后，可按"后—前—前—后"顺序进行一个测站的观测，即：

1）后视黑面尺，读取上、下丝读数；精平，读取中丝读数；分别记入表 2.4 的（1）、（2）、（3）栏中。

2）前视黑面尺，读取上、下丝读数；精平，读取中丝读数；分别记入表 2.4 的（4）、（5）、（6）栏中。

3）前视红面尺，精平，读取中丝读数；记入表 2.4 的（7）栏中。

4）后视红面尺，精平，读取中丝读数；记入表 2.4 的（8）栏中。

当沿土质坚实的路线进行测量时，四等水准测量也可采用"后—后—前—前"的观测顺序。

（3）各种观测记录完毕应随即进行测站计算与检核。

1）视距计算与限差要求。

后视距离：（9）＝［（1）－（2）］×100。

前视距离：（10）＝[（4）－（5）]×100。

前、后视距差：（11）＝（9）－（10）。

前、后视距累积差：（12）本站＝（12）上站＋（11）本站。

限差应符合表 2.3 的要求。四等水准测量：（9）及（10）不大于 100m，d（11）不大于 5m，$\sum d$（12）不大于 10m。

2）同一水准尺红、黑面中丝读数的检核计算。以表 2.4 中第 1 测站为例说明如下。

前尺：（13）＝（6）＋K_2－（7）。

后尺：（14）＝（3）＋K_1－（8）。

检核要求：同一水准尺红、黑面中丝读数之差，应等于该尺红、黑面的尺常数 K（4.687m 或 4.787m）。限差应符合表 2.3 的要求。四等水准测量：（13）及（14）不大于 3mm。

3）高差计算及检核。

黑面高差：（15）＝（3）－（6）。

红面高差：（16）＝（8）－（7）。

校核计算：红、黑面高差之差（17）＝（15）－[（16）±0.100]＝（14）－（13）。

高差中数：（18）＝[（15）＋（16）±0.100]/2。

式中：0.100m 为单、双号两根水准尺红面零点注记之差。

检核应符合表 2.3 的要求。四等水准测量：（17）不大于 5mm。

（4）检查各项计算值满足限差要求后，依次设站同法施测整个路线。

（5）全路线施测完毕后计算与检核。

1）高差计算检核。

若测站数为偶数，则

$$\sum[（3）＋（8）]－\sum[（6）＋（7）]＝\sum[（15）＋（16）]＝2\sum（18）$$

若测站数为奇数，则

$$\sum[（3）＋（8）]－\sum[（6）＋（7）]＝\sum[（15）＋（16）]＝2\sum（18）±0.100$$

2）视距计算检核。

末站视距累积差值：（12）末站＝$\sum$（9）－$\sum$（10）。

路线总长（总视距）：$\sum L＝\sum$（9）＋$\sum$（10）。

3）路线闭合差（应符合限差要求）。

4）各站高差改正数及各待定点的高程计算。

6. 实训中注意事项

（1）四等水准测量记录计算较复杂，要步步校核。各项检核及路线闭合差均应符合要求，否则应重测。

（2）实训中同学们应注意培养自己的团队意识，全组人员密切配合，团结协作，才能较好地完成各项任务。

（3）记录者应复读观测者所报读数，核对无误后才可记入记录表中。记录字迹要工整、干净。严禁转抄、照抄、涂改原始数据。应随测随计算，如果发现有超限现象，立即告诉观测者进行重测。

（4）表 2.4 内括号中的数，表示观测读数与计算的顺序。

（5）仪器前后尺视距一般不超过 80m。

（6）双面直尺应成对使用，其中一根尺常数为 $K_1 = 4.687$m，另一根尺常数 $K_2 = 4.787$m，两尺的红面读数相差 0.100m（即 4.687m 与 4.787m 之差）。两根尺应交替前进，不能整乱。在记录表中也要写清尺号，在备注栏内写明相应尺号的 K 值。

（7）起点高程可采用假定高程值。

7. 记录计算表

四等水准测量观测记录、计算表见表 2.4 和表 2.5。

表 2.4　　　　　　　　　　　　　　四等水准测量观测记录表

测段：自＿＿＿＿至＿＿＿＿　　　　　仪器型号（编号）：＿＿＿＿　　　　观测者：＿＿＿＿

时间：＿＿＿年＿＿＿月＿＿＿日　　　天气呈像：＿＿＿＿　　　　　　记录者：＿＿＿＿

测站编号	测点编号	后尺	上丝(m) / 下丝(m)	前尺	上丝(m) / 下丝(m)	方向和尺号	水准尺读数(m) 黑面	水准尺读数(m) 红面	K+黑－红(mm)	高差中数(m)	备注
		后视距(m)		前视距(m)							
		视距差 d(m)		∑d(m)							
		(1)		(4)		后	(3)	(8)	(14)		$K_1=4.687$
		(2)		(5)		前	(6)	(7)	(13)		$K_2=4.787$
		(9)		(10)		后－前	(15)	(16)	(17)	(18)	
		(11)		(12)							
1	BM1 ↓ TP1					后 1 前 2 后－前					
2	TP1 ↓ TP2					后 2 前 1 后－前					
3	TP2 ↓ TP3					后 1 前 2 后－前					
4	TP3 ↓ BM2					后 2 前 1 后－前					
检核		∑(9)－∑(10)＝ 末站(12)＝ 总视距＝∑(9)+∑(10)				1/2[∑(15)+(16)]＝ 1/2{∑[(3)+(8)]－∑[(6)+(7)]}＝ 总高差＝∑(18)＝					

表 2.5　　　　　　　　　　　　四等水准测量计算表

点号	距离 (km)	测得高差 (m)	高差改正数 (mm)	改正后高差 (m)	高程 (m)
Σ					

$f_h=$　　　　　$f_{h容}=$　　　观测者：_____　　　计算员：_____

8. 提交成果

（1）学生课前自主学习小结（每小组 1 份，课前展示）。

（2）小组提交四等水准测量观测记录表。

（3）每人交实训报告 1 份。

 相关支撑知识

知识点 1：水准仪的操作使用具体方法，见本章项目 1。

知识点 2：四等水准测量的施测方法、检核方法及主要技术要求，见配套教材。

知识点 3：四等水准测量成果的计算，见配套教材。

 思 考 题

（1）四等水准测量的主要技术要求有哪些？

（2）四等水准测量的检核内容有哪些？方法如何？

（3）如何进行四等水准测量一个测站的测量及整个路线的测量？应注意哪些问题？

项目 4　经纬仪的认识与使用

1. 实训目的

(1) 了解 DJ₆ 光学经纬仪的外形及部件名称，能说出各部件名称及其作用。

(2) 掌握 DJ₆ 光学经纬仪的操作使用方法，能正确操作使用 DJ₆ 光学经纬仪。

2. 任务与要求

(1) 熟悉仪器的取出和装箱方法。

(2) 熟悉 DJ₆ 光学经纬仪的外形、结构及主要部件的名称、作用和使用方法，特别要掌握各旋钮的作用。

(3) 进行经纬仪的基本操作步骤——对中、整平、瞄准、读数的练习。要求对中误差小于 3mm，整平误差小于 1 格。

(4) 每个学生在老师的指导下应能独立完成经纬仪的基本操作。

3. 实训方式及学时分配

(1) 分小组进行，学生以 4～5 人为一组。

(2) 学时数为 2 学时，可安排课内完成。

4. 仪器、工具及附件

(1) 每小组借领：DJ₆ 光学经纬仪 1 台，三脚架 1 副，测钎 2 个。

(2) 自备：记录板 1 块，铅笔 1 支，计算器 1 个，测伞 1 把。

5. 实训步骤简述

(1) 教师或请 1 名同学配合示范经纬仪的操作使用步骤和方法。

(2) 学生进行对中、整平、瞄准、读数的练习。

(3) 盘左盘右进行观测的练习。松开望远镜制动螺旋，纵转望远镜从盘左转为盘右（或相反），进行瞄准目标和读数的练习。

(4) 改变水平度盘位置的练习。旋紧水平制动螺旋，打开保护盖、转动水平度盘位置变换轮，从度盘读数镜中观察水平度盘读数的变化情况，并试对准某一整数度数，如 $0°00'00''$，$120°00'00''$ 等，最后盖好保护盖。

6. 实训中注意事项

(1) 仪器连接在三脚架上时，一定要确认连接牢固。

(2) 经纬仪对中时，应使三脚架架头大致水平，以减小仪器整平的难度。

(3) 经纬仪整平时，应使照准部转到各个方向时长水准管气泡均居中，其偏差应在规定范围以内。

(4) 望远镜瞄准目标时，若测水平角应尽量用十字丝交点附近的竖丝瞄准目标底部。当目标影像较大时，可用十字丝的单丝平分目标影像；当目标影像较小时，可用十字丝的双丝夹准目标影像。测竖直角时，应用十字丝的中丝切准目标影像。

(5) 读数前应消除视差。

(6) 用分微尺进行度盘读数时，可估读至 $0.1'$，估读应准确。

7. 记录表

水平度盘和竖直度盘读数练习记录表见表 2.6。

表 2.6 　　　　　　　　　　**水平度盘和竖直度盘读数练习记录表**

班级：_____　　姓名：_____　　日期：_____年_____月_____日

测站	目标	竖盘位置	水平盘读数			竖直盘读数		
			°	′	″	°	′	″

8. 提交成果

（1）学生课前自主学习小结（每小组 1 份，课前展示）。

（2）实训结束时小组提交水平度盘和竖直度盘读数练习记录表。

（3）课后每人交实训报告 1 份。

相关支撑知识

知识点 1：DJ_6 光学经纬仪的构造组成及各组成部分的作用和使用方法（图 2.5 和图 2.6）。

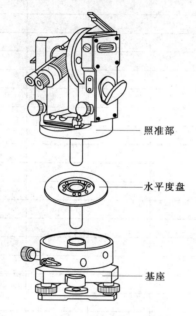

照准部

水平度盘

基座

图 2.5　DJ_6 型光学经纬仪的三大组成部分

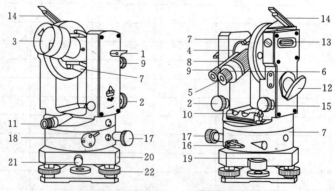

图 2.6　DJ_6 型光学经纬仪的各部分构件名称

1—望远镜制动螺旋；2—望远镜微动螺旋；3—物镜；4—物镜调焦螺旋；5—目镜；6—目镜调焦螺旋；7—光学瞄准器；
8—度盘读数显微镜；9—度盘读数显微镜调焦螺旋；10—照准部管水准器；11—光学对中器；12—度盘照明反光镜；
13—竖盘指标管水准器；14—竖盘指标管水准器观察反射镜；15—竖盘指标管水准器微动螺旋；16—水平方向制动
螺旋；17—水平方向微动螺旋；18—水平度盘变换手轮与保护卡；19—基座圆水准器；
20—基座；21—轴座固定螺旋；22—脚螺旋

知识点 2：操作使用 DJ$_6$ 光学经纬仪的方法和步骤，见配套教材。

知识点 3：快速安置经纬仪的方法，即升落脚架法。

（1）先张开三脚架，但不要将三脚架的腿都拉出来，要留约 10cm 的长度。然后将其安放在测站点上，使其高度适中，架头大致水平。

（2）取出经纬仪，安放在脚架上，旋紧中心连接螺旋。

（3）用脚踩实三脚架中的一条腿，使其固定不动，用手分别扶另外两个腿，眼睛看着光学对中器，移动脚架使测站点中心的影像正好在对中器的圆圈内。为了在光学对中器上很容易看见测站点，可将脚尖放在测站点上，看见脚后再移开脚看测站点中心。

（4）升落三脚架腿，使经纬仪基座上的圆水准器气泡居中。此时，可能使测站点中心偏离光学对中器的圆圈，但偏离不会大，可采取旋松中心连接螺旋，两手扶住仪器基座，在架头上平移仪器，使测站点中心回到对中器的圆圈内的方法。

（5）转动照准部，使照准部水准管与任一对脚螺旋的连线平行，两手同时内或向外转动这两个脚螺旋，使水准管气泡居中；然后将照准部旋转 90°，使水准管与前一位置相垂直，转动第三个脚螺旋，使水准管气泡居中。按以上步骤反复进行，直到照准部转至任意位置气泡皆居中为止，如图 2.7 所示。

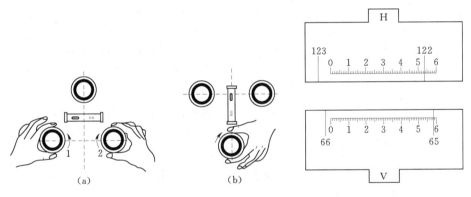

图 2.7　经纬仪精确整平　　　图 2.8　分微尺测微器读数窗

（6）再次检查地面标志是否位于对中器分划圈中心，若不居中，可稍旋松连接螺旋，在架头上慢慢移动经纬仪，使其精确对中，再检查一下是否置平，若不置平，重复（4）置平。这样反复一至两次即可精确对中，整平。

知识点 4：分微尺测微器及其读数方法。

如图 2.8 所示，在水平度盘的读数窗中，分微尺的 0 分划线已超过 122°，但没到123°，所以其数值还要由分微尺的 0 分划线至度盘上分划线之间有多少小格来确定，图中为 53.1 格，故为 53′06″，分微尺水平度盘的读数应是 122°53′06″。同理，竖直度盘读数应是 65°58′06″。

思　考　题

（1）说出 DJ$_6$ 光学经纬仪的构造组成及各部分作用。

（2）简述 DJ_6 光学经纬仪的操作使用方法和步骤。

（3）在操作使用 DJ_6 光学经纬仪时应注意哪些事项？

（4）DJ_6 光学经纬仪上的复测扳钮起什么作用？

（5）经纬仪的制动螺旋和微动螺旋有哪些？各起什么作用？

（6）采用盘左、盘右观测水平角的方法可消除哪些误差？能否消除仪器竖轴倾斜引起的测角误差？

项目 5   经纬仪测回法测量水平角

1. 实训目的

（1）熟练掌握经纬仪的操作和使用方法。

（2）掌握测回法观测水平角的观测程序、记录和计算方法。

2. 任务与要求

（1）如图 2.9 所示，用测回法观测水平角∠AOB 的角值 β。

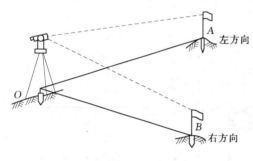

图 2.9   测回法观测水平角

（2）每组对同一角度观测 2 测回，每人至少独立进行一测回的水平角观测，并将该测回的观测和计算成果上交。

（3）观测计算时两项限差必须符合要求。一是上、下半测回的角值之差，二是各测回间的角值之差。对于常用的 DJ_6 型经纬仪要求半测回角值之差不超过 $\pm40''$，各测回观测角值之差不超过 $\pm24''$。若半测回角值之差超限，则应重测该测回；若各测回间的角值之差超限，则应重测角值偏离各测回平均角值较大的那一测回。

3. 实训方式及学时分配

（1）分小组进行，每小组由 4～5 人组成，轮流观测和记录。

（2）学时数为 2 学时，可安排课内完成。

4. 仪器、工具及附件

（1）每小组借领：DJ_6 光学经纬仪 1 台，三脚架 1 副，测杆或测钎 2 个。

（2）自备：铅笔 1 支，记录板 1 块，计算器 1 个，测伞 1 把。

5. 实训步骤简述

（1）如图 2.9 所示，在 O 点（测站点）安置经纬仪（对中、整平），在 A、B 两目标点竖立照准标志物（测杆或测钎等）。

（2）将经纬仪置于盘左位置（竖直度盘位于望远镜目镜左侧，也称正镜），照准左方目标 A，将水平度盘置数为稍大于 $0°00'00''$，读取读数 $a_左$，记入记录表中。

（3）松开水平制动螺旋，顺时针转动照准部，照准右方目标 B，读取读数 $b_左$，记入记录表中。

以上（2）、（3）两步称为盘左半测回或上半测回，所测水平角值为 $\beta_左 = b_左 - a_左$。

（4）松开水平及竖直制动螺旋，将经纬仪置于盘右位置（竖直度盘位于望远镜目镜右侧，也称倒镜），照准右方目标 B，读取读数 $b_右$，记入记录表中。

（5）逆时针转动照准部，照准左方目标 A，读取读数 $a_右$，记入记录表中。

以上（4）、（5）两步称为盘右半测回或下半测回，所测水平角值为 $\beta_右 = b_右 - a_右$。

（6）上、下半测回合称一测回。两个半测回的角值之差符合规定要求时，才能取其平均值作为一测回的观测结果，即 $\beta = 1/2 (\beta_左 + \beta_右)$。

（7）该角进行第 2 个测回时，盘左瞄准左目标后，用水平度盘位置变换手轮，将水平度盘置数改为稍大于 $90°00'00''$，然后再进行精确读数。

6. 实训中注意事项

（1）安置经纬仪时，与地面点的对中误差应小于 2mm。

（2）瞄准目标时，应尽量瞄准目标底部，以减少由于目标倾斜引起水平角观测的误差。

（3）观测过程中，若发现水准管气泡偏移超过 2 格时，应重新整平仪器，并重测该测回。一测回过程中，不得再调整水准管气泡或改变度盘位置。

（4）当测角精度要求较高时，为了减少度盘分划误差的影响，往往要测多个测回，各测回的观测方法相同，但起始方向的水平度盘置数不同，第一测回的置数应略大于 $0°00'00''$，其他各测回起始方向的置数应根据测回数 n 按 $180°/n$ 递增变换。当各测回观测角值之差符合要求时，取各测回平均值作为最后观测结果。

（5）水平角读数记录计算时，分、秒数须写足两位。

（6）水平度盘是按顺时针方向注记的，因此半测回角值必须是右方目标读数减去左方目标读数。当右方目标读数不够减时，将其加上 360° 之后再减去左方目标读数。

（7）观测计算时两项限差必须符合前述技术要求。

7. 记录计算表

测回法观测水平角记录计算表见表 2.7。

表 2.7　　测回法观测水平角记录计算表

班级：_____　姓名：_____　　　　日期：　　年　　月　　日

测站	测回	竖盘位置	目标	水平度盘数 （° ′ ″）	半测回角值 （° ′ ″）	一测回角值 （° ′ ″）	各测回平均角值 （° ′ ″）	备注
O	1	左	A					
			B					
		右	A					
			B					
	2	左	A					
			B					
		右	A					
			B					

8. 提交成果

（1）学生课前自主学习小结（每小组 1 份，课前展示）。

（2）实训结束时小组提交测回法观测水平角记录计算表。

（3）课后每人交实训报告 1 份。

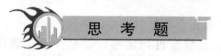
相关支撑知识

知识点 1：测回法进行水平角测量，具体方法见配套教材。

知识点 2：快速安置经纬仪的方法，即升落脚架法，见本章项目 4。

知识点 3：分微尺测微器及其读数方法，见本章项目 4。

思 考 题

（1）什么是测回法？其与方向观测法有何区别？

（2）观测水平角时，为什么要观测多个测回？若观测 3 个测回，则各测回的起始读数应为多少？

（3）观测水平角时，什么情况下需要重测？

项目 6　方向观测法观测水平角

1. 实训目的

（1）掌握方向观测法观测水平角的操作顺序、记录与计算方法。

（2）掌握方向观测法观测水平角内业计算中各项限差的意义和规定。

2. 任务与要求

（1）如图 2.10 所示，在开阔地面上选定某点 O 为测站点，用记号笔等标定 O 点位置。然后在场地四周任选 4 个目标点 A、B、C 和 D（距离 O 点各约 15～30m）。用方向观测法观测各个方向的方向值，然后计算出各方向之间的角值。

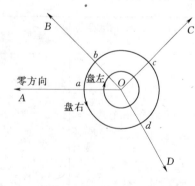

图 2.10　方向观测法测水平角

（2）要求每个小组测 2 个测回。

（3）限差要求：光学对中法对中，对中误差小于 1mm；半测回归零差不超过 ±18″；各测回方向值互差不超过 ±24″。

3. 实训方式及学时分配

（1）分小组进行，每小组由 4～5 人组成，轮流观测和记录。

（2）学时数为 2 学时，可安排课内完成。

4. 仪器、工具及附件

（1）每组借领：DJ₆ 经纬仪 1 台，三脚架 1 副，测钎 5 个。

（2）自备：记录板 1 块，铅笔 1 支，计算器 1 个，测伞 1 把。

5．实训步骤简述

设 A 方向为零方向。将经纬仪安置于 O 测站，对中整平后按下列步骤进行操作：

（1）盘左位置，瞄准起始方向 A，将水平度盘置数为稍大于 $0°00'00''$，再重新照准 A 方向，读取水平度盘读数 a，并记录。

（2）按照顺时针方向转动照准部，依次瞄准 B、C、D 目标，并分别读取水平度盘读数为 b、c、d，并记录。

（3）最后回到起始方向 A，再读取水平度盘读数为 a'。这一步称为"归零"。a' 与 a 之差称为"归零差"。计算半测回"归零差"，不能超过允许限值，若超限，应及时重测。

以上操作称为上半测回观测。

（4）盘右位置，按逆时针方向旋转照准部，依次瞄准 A、D、C、B、A 目标，分别读取水平度盘读数，记入记录表中，并算出盘右的"归零差"，不能超限，否则重测。此半测回称为下半测回。

上、下两个半测回合称为一测回。

（5）计算同一方向两倍照准误差 $2C$ 值，$2C =$ 盘左读数 $-$（盘右读数 $\pm180°$）。

（6）计算同一方向盘左、盘右平均读数。

$$平均读数 = \frac{盘左读数 +（盘右读数 \pm180°）}{2}$$

（7）计算归零方向值，将各方向的平均读数分别减去起始方向括号内的平均值即可。

（8）重复上述步骤进行第 2 测回的观测和计算。但此时盘左起始读数应调整为 $90°00'00''$。

（9）计算各测回归零方向值的平均值。若测回差符合要求，取各测回同一方向归零方向值的平均值作为最后结果；并据此计算各方向之间的角值。

6．实训中注意事项

（1）零方向选择很重要，应选择在距离适中、通视良好、成像清晰稳定、俯仰角和折光影响较小的方向。

（2）如为提高精度观测 n 个测回，则各测回间仍应按 $180°/n$ 变动水平度盘位置。

（3）表 2.8 中的盘左各目标的读数从上往下记录，盘右各目标的读数从下往上记录。

（4）水平角观测时，同一个测回内，照准部水准管偏移不得超过 1 格。否则，需要重新整平仪器进行本测回的观测。

（5）对中、整平仪器后，进行第 1 测回观测，期间不得再整平仪器。但第 1 测回完毕，可以重新整平仪器，再进行第 2 测回观测。

（6）测角过程中一定要边测、边记、边算，以便及时发现问题。

7．记录计算表

方向观测法观测水平角的记录计算表见表 2.8。

8．提交成果

（1）学生课前自主学习小结（每小组 1 份，课前展示）。

（2）实训结束时小组提交方向观测法观测水平角的记录计算表。

（3）课后每人交实训报告 1 份。

表 2.8   方向观测法观测水平角的记录计算表

测站	测回数	目标	读数		2C ("")	平均读数 (° ′ ″)	归零方向值 (° ′ ″)	各测回归零方向值的平均值 (° ′ ″)	水平角值 (° ′ ″)
			盘左 (° ′ ″)	盘右 (° ′ ″)					
1	2	3	4	5	6	7	8	9	10
O	1	A							
		B							
		C							
		D							
		A							
		Δ							
	2	A							
		B							
		C							
		D							
		A							
		Δ							

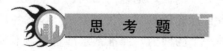

相关支撑知识

知识点 1：方向观测法观测水平角，见配套教材。

知识点 2：快速安置经纬仪的方法，即升落脚架法，见本章项目 4。

知识点 3：分微尺测微器及其读数方法，见本章项目 4。

思　考　题

(1) 什么情况下采用方向观测法观测水平角？

(2) 方向观测法观测水平角的限差要求有哪些？限差不符合要求时如何处理？

项目 7　竖 直 角 观 测

1. 实训目的

(1) 了解经纬仪竖直度盘的构造、注记形式、竖盘指标差与竖盘水准管之间的关系。

(2) 掌握竖直角观测、记录与计算方法，能进行实际操作。

2. 任务与要求

(1) 如图 2.11 所示，在开阔地面上选定某点 O 为测站点，用记号笔等标定 O 点位置。然后在场地四周任选 2 个目标点 A、B（距离 O 点各约 $15\sim30\mathrm{m}$），且使目标点 A 在水平视线上方，目标点 B 在水平视线下方。用测回法进行目标点 A、B 的竖直角测量。

（2）每个人均应独立完成两个目标 1 测回的观测、记录与计算。

（3）技术要求。同一测站上不同目标的指标差互差或同方向各测回指标差互差应不超过 $25''$。

3．实训方式及学时分配

（1）分小组进行，4～5 人一组，轮流观测和记录。

（2）学时数为 2 学时，可安排课内完成。

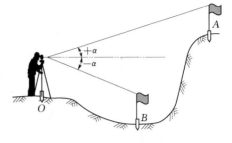

图 2.11　竖直角观测

4．仪器、工具及附件

（1）每组借领：DJ_6 经纬仪 1 台，三脚架 1 副，花杆 2 根。

（2）自备：记录板 1 块，铅笔 1 支，计算器 1 个，测伞 1 把。

5．实训步骤简述

（1）按任务要求选定测站点 O 和目标点 A、B，并做好标志。

（2）仪器安置于测站点 O 上，对中、整平。然后转动望远镜，从读数镜中观察竖直度盘读数的变化，确定竖盘的注记形式，并在记录表（表 2.9）中写出竖直角及竖盘指标差的计算公式。

（3）盘左瞄准目标点 A（中丝切于目标顶部）。调节竖盘指标水准管微动螺旋使竖盘指标水准管气泡居中（带有竖盘指标自动补偿器的经纬仪，读数前应将补偿器开关置于"ON"状态），读数 L，记入记录表中，计算出盘左时的竖直角 α_L，记入表中第 5 栏，完成上半测回的观测、记录与计算。

（4）盘右再瞄准目标点 A，使竖盘指标水准管气泡居中，读数 R，记录并计算下半测回的竖直角 α_R。

上、下半测回合起来为一测回。

（5）用式（2.10）（见本项目相关支撑知识）计算竖盘指标差 x，并记入记录表中第 6 栏。

（6）判别竖盘指标差 x 是否超限，符合要求，取盘左盘右竖直角的平均值作为一测回竖直角值，并记入记录表中第 7 栏。

（7）同样方法观测、记录、计算目标点 B 的竖直角。

6．实训中注意事项

（1）瞄准目标时，横丝应切于目标的顶部（如标杆）或通过目标的几何中心（如觇牌）。且每次读数前，应使竖盘水准管气泡居中。

（2）计算竖直角和指标差时，应注意正、负号。

7．记录计算表

竖直角观测记录计算表见表 2.9。

表 2.9   竖直角观测记录计算表

测站	目标	竖盘位置	竖盘读数 (° ′ ″)	半测回竖直角 (° ′ ″)	指标差 (″)	一测回竖直角 (° ′ ″)	备注
1	2	3	4	5	6	7	8
O	A	左					
		右					
	B	左					
		右					

8. 提交成果

(1) 学生课前自主学习小结（每小组 1 份，课前展示）。

(2) 实训结束时小组提交竖直角观测记录计算表。

(3) 课后每人交实训报告 1 份。

 相关支撑知识

知识点 1：竖直角测量，详见配套教材。

(1) 图 2.12 为竖直度盘结构情况。

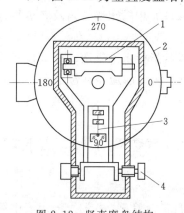

图 2.12 竖直度盘结构
1—竖盘指标水准管；2—竖盘；3—读数
指标；4—竖盘指标水准管微动螺旋

(2) 竖盘竖直角的通用计算公式。首先应正确判读视线水平时的读数，且同一仪器盘左、盘右的读数差为180°；然后上仰望远镜，并观测竖盘读数是增加还减少。

若竖盘读数逐渐减小，则竖直角的计算公式为

$$\alpha = 视线水平时的常数 - 瞄准目标时的读数 \quad (2.7)$$

若竖盘读数逐渐增加，则竖直角的计算公式为

$$\alpha = 瞄准目标时的读数 - 视线水平时的常数 \quad (2.8)$$

(3) 盘左盘右竖直角的平均值 α 和竖盘指标差 x 的计算公式如下

$$\alpha = 1/2(R - L - 180°) = 1/2(\alpha_L + \alpha_R) \quad (2.9)$$

$$x = 1/2(R + L - 360°) = 1/2(\alpha_R - \alpha_L) \quad (2.10)$$

知识点 2：快速安置经纬仪的方法，即升落脚架法，见项目 4。

知识点 3：分微尺测微器及其读数方法，见项目 4。

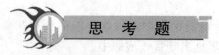 思 考 题

(1) 说明竖直角观测与水平角观测的区别。

(2) 每次读数前使竖直度盘指标水准管气泡居中的目的是什么？

(3) 用经纬仪瞄准同一竖直面内不同高度的两个点，在竖盘上的读数差是否就是竖

直角?

项目 8 视 距 测 量

1. 实训目的

(1) 掌握经纬仪视距测量的观测、记录和计算方法。

(2) 掌握视距测量不同操作方法的观测过程。

(3) 熟悉视距测量的计算器操作,体验不同操作方法观测结果之间的差异。

2. 任务与要求

(1) 选择一处地面较开阔,可略有起伏的场地。并在实训场地选择一测站点 O,在测站点上安置好经纬仪(对中、整平)。立尺员将视距尺(标尺)分别立于待测点 A、B 上。对于初学者,为便于观测,选取的 OA 及 OB 距离不宜过远,约 $60\sim70m$ 为宜。要求同一个点位用四种不同的操作方法进行观测,分别进行计算,并比较不同方法观测结果之间的差异。

(2) 水平距离取位至 $0.1m$,高差取位至 $0.1m$(平地取位至 $0.01m$);不同方法水平距离差异不超过 $0.1m$,高差差异不超过 $0.1m$。

(3) 为充分进行练习,要求每人均要独立完成上述任务的观测与计算。

3. 实训方式及学时分配

(1) 分小组进行,$4\sim5$ 人一组,轮流操作各个环节。

(2) 学时数为 2 学时,可安排课内完成。

4. 仪器、工具及附件

(1) 每组借领:DJ_6 经纬仪 1 台,三脚架 1 副,视距尺(水准尺)1 根,小钢卷尺 1 把。

(2) 自备:记录板 1 块,铅笔 1 支,计算器 1 个,测伞 1 把。

5. 实训步骤简述

(1) 在测站点 O 上安置仪器,对中、整平,量取仪器高 i(桩顶到仪器横轴中心的高度),假定测站点高程 H_0。

(2) 选择立尺点 A,竖立视距尺。

(3) 以经纬仪的盘左位置照准视距尺,采用不同的操作方法对同一根视距尺进行观测。对于天顶距式注记的经纬仪,在忽略指标差的情况下,盘左竖盘读数即天顶距。根据不同的仪器,竖盘读数前,或者打开竖盘指标补偿器开关,或者使竖盘指标水准管气泡居中。

1) 任意法。望远镜十字丝照准尺面,高度使三丝均能读数即可。

读取上丝读数、下丝读数、中丝读数 v、竖盘读数 L,分别记入记录计算表中。

水平距离 $$D=Kl\sin^2 Z$$

高差 $$h=\frac{D}{\tan Z}+i-v$$

高程 $\qquad\qquad\qquad\qquad\qquad H=H_0+h$

2）等仪器高法。望远镜照准视距尺，使中丝读数等于仪器高，即 $i=v$。

读取上丝读数、下丝读数、竖盘读数 L，分别记入记录计算表中。

水平距离 $\qquad\qquad\qquad\qquad D=Kl\sin^2 Z$

高差 $\qquad\qquad\qquad\qquad\qquad h=\dfrac{D}{\tan Z}$

高程 $\qquad\qquad\qquad\qquad\qquad H=H_0+h$

3）直读视距法。望远镜照准视距尺，调节望远镜高度，使下丝对准视距尺上整米读数，且三丝均能读数。

读取视距 Kl、中丝读数 v、竖盘读数 L，分别记入记录计算表中。

水平距离 $\qquad\qquad\qquad\qquad D=Kl\sin^2 Z$

高差 $\qquad\qquad\qquad\qquad\qquad h=\dfrac{D}{\tan Z}+i-v$

高程 $\qquad\qquad\qquad\qquad\qquad H=H_0+h$

4）平截法（经纬仪水准法）。望远镜照准视距尺，调节望远镜高度，使竖盘读数 L 等于 90°。

读取上丝读数、下丝读数、中丝读数 v，分别记入记录计算表中。

水平距离 $\qquad\qquad\qquad\qquad D=Kl$

高差 $\qquad\qquad\qquad\qquad\qquad h=i-v$

高程 $\qquad\qquad\qquad\qquad\qquad H=H_0+h$

（4）选择立尺点 B，竖立视距尺。重复（3）步的操作和计算。

6. 实训中注意事项

（1）视距测量只用盘左观测半个测回，所以视距测量观测前应对竖盘指标差进行检验校正，使指标差在 $\pm 60''$ 以内。

（2）观测时视距尺应竖直并保持稳定。

（3）四种不同的方法观测时，立尺点位不要改变。

（4）仪器高 i 量至厘米，竖盘读数 L 读至分。

（5）对于有竖盘指标补偿器的仪器，装箱时应关闭其开关。

7. 记录计算表

视距测量记录计算表见表 2.10。

8. 提交成果

（1）学生课前自主学习小结（每小组 1 份，课前展示）。

（2）实训结束时小组提交视距测量记录计算表。

（3）课后每人交实训报告 1 份。

表 2.10   **视距测量记录计算表**

日期：_____   小组：_____   仪器号：_____

测站名称：_____   测站高程：_____   仪器高：_____

测点	读数（m）		视距 Kl（m）	中丝读数（m）	竖盘读数（° ′ ″）	水平距离（m）	高差（m）	高程（m）
	上丝	下丝						

相关支撑知识

知识点 1：视距测量，详见配套教材。

知识点 2：竖直角与天顶距的概念和测量方法，详见配套教材。

思 考 题

（1）平坦地区为了作业方便，经常采用平截法（经纬仪水准法）。简述平截法（经纬仪水准法）的操作步骤。

（2）仪器高 i 是指何处至望远镜横轴的竖直距离？

（3）视距测量时其距离测量的精度与钢尺量距、皮尺量距相比如何？其高程测量的精度与水准测量的精度相比如何？

项目 9 全站仪三要素测量

1. 实训目的

（1）认识全站仪的构造，掌握全站仪各部位操作螺旋的使用。

（2）掌握全站仪角度测量、距离测量和高差测量的按键操作方法。

2. 任务与要求

（1）经指导老师示范讲解后，完成以下任务：熟悉全站仪的构造组成，搞清各组成部分的作用及各部位操作螺旋的操作使用方法，并进行实际操作练习；进行全站仪角度测量、距离测量及高差测量的按键操作练习。

（2）要求角度取位至 $1''$，水平距离取位至 0.001m，高差取位至 0.001m。

3. 实训方式及学时分配

（1）分小组进行，4～5 人一组，小组成员轮流操作。

（2）学时数为 2 学时，可安排课内完成。

4. 仪器、工具及附件

（1）每组借领：全站仪 1 台套，反射棱镜 2 台套，小钢卷尺 1 把。

（2）自备：记录板 1 块，铅笔 1 支，计算器 1 个，测伞 1 把。

5. 实训步骤简述

（1）测站点上安置仪器，对中整平，量取仪器高 i（精确至毫米）。

（2）待测点上安置反射棱镜，棱镜朝向全站仪，量取棱镜高（精确至毫米）。

（3）认识全站仪操作面板，学会全站仪各部操作螺旋的使用。

（4）全站仪开机（视不同型号的全站仪决定是否在水平和竖直方向转动），进入开机界面（一般设置为角度测量模式）。

（5）全站仪盘左照准左侧棱镜中心，在角度测量模式下置零，进入距离测量模式测距，在记录表记录水平距离和高差，回到测角模式。

（6）全站仪盘左照准右侧棱镜中心，在记录表中记录水平度盘读数；进入距离测量模式测距，记录水平距离和高差，回到测角模式。

（7）全站仪盘右照准右侧棱镜中心，在记录表中记录水平度盘读数；进入距离测量模式测距，记录水平距离和高差，回到测角模式。

（8）全站仪盘右照准左侧棱镜中心，在记录表中记录水平度盘读数；进入距离测量模式测距，记录水平距离和高差，回到测角模式。

6. 实训中注意事项

（1）一定要学会全站仪的使用后才能开机操作。

（2）全站仪价格昂贵，一定按规程操作，保证仪器安全。

（3）实训以外的功能不要操作，尤其不要改变全站仪的设置。

（4）量取仪器高和棱镜高时，直接从地面点量至相应的中心位置。

（5）每次照准都要瞄准棱镜中心。

（6）不得将望远镜直接照准太阳，否则会损坏仪器；小心轻放，避免撞击与剧烈震动。

（7）注意工作环境，避免沙尘侵袭仪器；在烈日、雨天、潮湿环境下作业，必须打伞。

（8）取下电池时务必先关闭电源，否则会损坏内部线路。

（9）仪器入箱，必须先取下电池，否则可能会使仪器发生故障，或耗尽电池电能。

7. 记录表

全站仪三要素测量记录表见表 2.11。

表 2.11　　　　　　　　　　全站仪三要素测量记录表

日期：_____　　　　小组：_____　　　　仪器号：_____

测站	测点	盘位	度盘读数 (° ′ ″)	半测回角 (° ′ ″)	一测回角 (° ′ ″)	仪器高 棱镜高 (m)	水平距离 (m)	平均距离 (m)	高差 (m)	地面高差 (m)	平均高差 (m)
		左									
		右									
		左									
		右									
		左									
		右									
		左									
		右									
		左									
		右									

8. 提交成果

（1）学生课前自主学习小结（每小组 1 份，课前展示）。

（2）实训结束时小组提交全站仪三要素测量记录表。

（3）课后每人交实训报告 1 份。

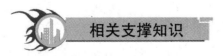

相关支撑知识

知识点 1：全站仪的结构与功能，见配套教材。

知识点 2：全站仪常规测量，具体方法见配套教材。

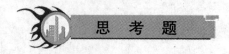　思 考 题

（1）简述全站仪的组成及作用。

（2）简述全站仪的测距原理。

（3）实训中使用全站仪时应注意哪些事项？

第3章 行业通用测量能力实训

项目1 经纬仪导线测量

1. 实训目的

(1) 学会在地面上用经纬仪标定直线及用普通钢尺精密量距的方法。

(2) 学会导线外业的基本测量工作。

(3) 学会用罗盘仪测定直线的磁方位角。

(4) 熟练掌握导线坐标计算的方法。

2. 任务与要求

(1) 每组在实训场地上选定 4～5 个导线点，导线点间应较平坦，相距 60～80m，构成一闭合导线，打入小铁钉（或油漆涂绘标记）。使用经纬仪测角，并用钢尺精密量距。

(2) 用罗盘仪测定起始直线的磁方位角，并根据当地磁偏角值（如某地磁偏角为西偏 $2°25'$）推算起始边方位角，并假定起始点的坐标作为起算数据。每个人均要进行导线坐标计算。

(3) 技术要求：直线丈量相对误差要小于 1/2000；经纬仪观测水平角，每个角度用测回法观测一测回，半测回间限差为 $40''$，要观测闭合多边形内角，闭合差限差为 $\pm 60''\sqrt{n}$。

3. 实训方式及学时分配

(1) 分小组进行，4～5 人一组。小组成员互相配合，轮流操作各环节。

(2) 学时数为 4 学时，可安排课内或部分业余时间完成。

4. 仪器、工具及附件

(1) 每组借领：经纬仪 1 台，三脚架 1 副，50m 钢尺 1 把，测钎 2 根，水泥钉 6 个、钉锤 1 把。

(2) 自备：记录板 1 块，铅笔 1 支，计算器 1 个，测伞 1 把。

5. 实训步骤简述

(1) 指导教师讲解本次实训的内容和方法。

(2) 在实训场地上踏勘选 4～5 个点，并打入小铁钉（或油漆绘标记），建立标志，构成一闭合导线。

(3) 进行直线定线。为了精密丈量直线 AB 的距离，首先清除直线上的障碍物，然后安置经纬仪于 A 点上，瞄准 B 点，用经纬仪进行定线，将读数记入记录表中。用钢尺进行概量，在视线上依次定出此钢尺一整尺略短的 A1、12、23 等尺段。在各尺段端点用粉笔绘标记。

(4) 丈量距离。用检定过的钢尺丈量相邻两点之间的距离。一般 2 人拉尺，1 人或 2 人读数，1 人指挥兼记录。丈量时，拉伸钢尺置于相邻两点，使钢尺有刻划线一侧贴近标志，并拉平、拉紧、拉直。两端的读尺员同时根据点位读取读数，估读到 0.1mm 记入记录表中。每尺段要移动钢尺位置丈量三次，三次测得的结果的较差视不同要求而定，一般不得超过 5mm，否则要重新测量。若在限差以内，则取三次结果的平均值，作为此尺段的往测观测成果。本次实训不考虑三项改正问题，每个尺段相加即为总边长，每个边应往返丈量。在记录表中进行成果整理和精度计算。如果丈量成果超限，要分析原因并进行重量，直至符合要求为止。

（5）经纬仪观测水平角，要观测闭合多边形内角，各用测回法测 1 测回，将测量结果记入记录表中。半测回限差及闭合差限差应满足要求。

（6）应用罗盘仪施测导线起始边的磁方位角，并假定起始点的坐标作为起算数据。

（7）全面、认真检查导线测量的外业记录，看看数据是否齐全、正确，成果精度是否符合要求，起算数据是否准确。然后绘制导线略图，并将各项数据标注在图上相应位置。

（8）将已知的起算数据和外业的观测数据填入导线坐标计算表中，据此进行误差调整及各导线点的平面坐标的计算。

6. 实训中注意事项

（1）本次实习内容多，各组同学要互相配合，保证实训顺畅。

（2）借领的仪器、工具在实训中要保管好，防止丢失。

（3）实地选点时应注意使相邻点间通视良好，地势平坦，方便测角和量距；将点位选在土质坚实处，便于安置仪器和保存标志；导线各边长应大致相等，相邻边长的长度尽量不要相差太大。

（4）钢尺切勿扭折或在地上拖拉；用后要用油布擦净，然后卷入盒中。

（5）在进行导线坐标计算时注意进行各步的计算检核。

7. 记录计算表

经纬仪导线测量外业记录表、钢尺尺段量距记录表及经纬仪导线坐标计算表分别见表 3.1～表 3.3。

表 3.1　　　　　　　　经纬仪导线测量外业记录表

日期：_____年_____月_____日　　天气：_____　　观测者：_____

仪器号码：_____　　　　　　　　　　　　　　记录者：_____

测站	目标	竖盘位置	读数 (° ′ ″)	角值 (° ′ ″)	平均角值 (° ′ ″)	备注
		左				
		右				
		左				
		右				

续表

测站	目标	竖盘位置	读数 (° ′ ″)	角值 (° ′ ″)	平均角值 (° ′ ″)	备注
		左				
		右				
		左				
		右				
		左				
		右				

表 3.2　　　　　　　　　　钢尺尺段量距记录表

日期：_____年_____月_____日　　　　　天气：_____　　　　　立尺员：_____

钢尺号码：_____　　　　　　　　　　整尺长：_____　　　　　记录员：_____

测　段		往　测				返　测			
起点	终点	后尺读数 (m)	前尺读数 (m)	测段长 (m)	平均值 (m)	后尺读数 (m)	前尺读数 (m)	测段长 (m)	平均值 (m)

测　段		往　测				返　测			
起点	终点	后尺读数（m）	前尺读数（m）	测段长（m）	平均值（m）	后尺读数（m）	前尺读数（m）	测段长（m）	平均值（m）

表 3.3　　　　　　　　　　　　　经纬仪导线坐标计算表

点名	观测角值 改正数（° ′ ″）	改正后角值（° ′ ″）	方位角（° ′ ″）	边长（m）	增量计算值（m）		坐标（m）	
					Δx	Δy	x	y
Σ								

辅助计算：　　$f_\beta=$　　　　　　　　　　$f_x=$　　　　　　　　　$f_y=$

$f_{\beta容}=\pm 60''\sqrt{n}$　　　　$f_D=$　　　　　　$K_D=$

8. 提交成果

（1）学生课前自主学习小结（每小组 1 份，课前展示）。

（2）实训结束时小组提交测角、量距的观测记录表。

（3）课后每人交实训报告 1 份。

相关支撑知识

知识点 1：闭合导线角度闭合差的计算与调整。

n 边形闭合导线的理论内角和值为

$$\sum \beta_{理} = (n-2) \times 180° \tag{3.1}$$

角度闭合差为

$$f_\beta = \sum \beta_{测} - \sum \beta_{理} \tag{3.2}$$

角度闭合差的容许值为

$$f_{\beta容} = \pm 60'' \sqrt{n} \tag{3.3}$$

角度闭合差若不超过容许值，可进行角度改正计算，将角度闭合差反符号平均分配到各观测角中。角度改正数为

$$\Delta\beta = -\frac{1}{n} f_\beta \tag{3.4}$$

若式（3.4）不能整除，而有余数，可将余数调整到短边的邻角上，使改正后的内角和应为理论内角值，即 $(n-2) \times 180°$，以作为计算校核。

知识点 2：坐标方位角的推算。

如图 3.1 所示，起始边 12 为已知边，其坐标方位角为 α_{12}，通过测量水平角，沿着测量路线的前进方向，测得 12 边与 23 边的转折角为 β_2（右角），23 边与 34 边的转折角为 β_3（左角），现推算 α_{23}、α_{34} 等。

计算坐标方位角的通用公式为：

若测得转折角为右角时 $\qquad \alpha_{前} = \alpha_{后} + 180° - \beta_{右} \tag{3.5}$

若测得转折角为左角时 $\qquad \alpha_{前} = \alpha_{后} + \alpha_{左} - 180° \tag{3.6}$

注意：计算中，若推算出的 $\alpha_{前} > 360°$，减 360°；若推算出的 $\alpha_{前} < 0°$，加 360°。

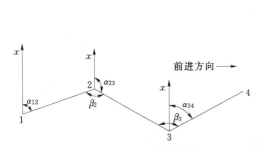

图 3.1　坐标方位角推算

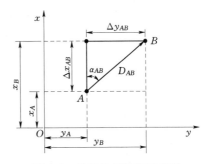

图 3.2　导线坐标计算示意图

知识点 3：坐标正算的基本公式。

如图 3.2 所示，在直角坐标系中已知 A 点坐标（x_A，y_A），AB 的边长 D_{AB} 及 AB 边

的坐标方位角 α_{AB}，计算未知点 B 的坐标（x_B，y_B）。

由图可知

$$\left.\begin{array}{l} x_B = x_A + \Delta x_{AB} \\ y_B = y_A + \Delta y_{AB} \end{array}\right\} \qquad (3.7)$$

而坐标增量的计算公式可由三角形的几何关系得

$$\left.\begin{array}{l} \Delta x_{AB} = D_{AB}\cos\alpha_{AB} \\ \Delta y_{AB} = D_{AB}\sin\alpha_{AB} \end{array}\right\} \qquad (3.8)$$

式中：Δx_{AB}、Δy_{AB} 的正负号应根据 $\cos\alpha_{AB}$、$\sin\alpha_{AB}$ 的正负号决定。

知识点 4：坐标增量闭合差的计算与调整。

闭合导线边纵横坐标增量产生闭合差为

$$\left.\begin{array}{l} f_x = \sum \Delta x_{测} \\ f_y = \sum \Delta y_{测} \end{array}\right\} \qquad (3.9)$$

导线全长闭合差计算公式为

$$f_D = \sqrt{f_x{}^2 + f_y{}^2} \qquad (3.10)$$

用导线全长相对误差 K_D 来衡量导线测量的精度。

$$K_D = \frac{f_D}{\sum D} = \frac{1}{\dfrac{\sum D}{f_D}} \qquad (3.11)$$

当 $K_D \leqslant K_{容}$ 时，说明测量成果精度符合要求，可进行坐标增量的改正调整计算。否则，应重新检查成果，甚至重测。坐标增量改正数计算公式为

$$\left.\begin{array}{l} v_{xi} = -\dfrac{f_x}{\sum D}D_i \\ v_{yi} = -\dfrac{f_x}{\sum D}D_i \end{array}\right\} \qquad (3.12)$$

导线纵横坐标增量改正数之和应符合下式要求

$$\left.\begin{array}{l} \sum v_{xi} = -f_x \\ \sum v_{yi} = -f_y \end{array}\right\} \qquad (3.13)$$

改正后的坐标增量计算式为

$$\left.\begin{array}{l} \Delta x_{i改} = \Delta x_i + v_{xi} \\ \Delta y_{i改} = \Delta y_i + v_{yi} \end{array}\right\} \qquad (3.14)$$

思 考 题

（1）经纬仪导线测量的外业和内业工作各包括哪些内容？

（2）说明进行误差调整及各导线点的平面坐标的计算方法和步骤。

项目 2　GPS 接收机的认识和使用

1．实训目的

（1）了解灵锐 S82GPS 接收机的构造组成。

（2）熟悉 GPS 接收机各部件的名称、功能和作用。

（3）掌握各部件的连接方法。

（4）初步掌握 GPS 接收机的使用方法。

（5）加深理解全球定位系统——GPS 的概念。

2．任务与要求

（1）认识 GPS 接收机的各个部件。

（2）掌握 GPS 接收机各个部件之间的连接方法。

（3）熟悉 GPS 接收机前面板各个按键的功能。

（4）熟悉 GPS 接收机后面板各个接口的作用。

3．实训方式及学时分配

（1）分小组进行，4～5 人一组，轮流进行操作。

（2）学时数为 2 学时，可安排课内完成。

4．仪器、工具及附件

（1）每组借领：GPS 接收机 1 台、电池 1 块、三脚架 1 副，基座 1 个（含轴心），天线 1 个，2m 钢卷尺 1 把。

（2）自备：记录板 1 块，铅笔 1 支，计算器 1 个，测伞 1 把。

5．实训步骤简述

（1）指导教师介绍灵锐 S82GPS 接收机的概况。

（2）认识并熟悉 GPS 接收机各部件。

（3）安置 GPS 接收机。将三脚架张开，架头大致水平，高度适中，使脚架稳定（踩紧）。然后用连接螺旋将 GPS 接收机连同底座固定在三脚架上，使底座对中整平。按要求将可充电的镍电池与 GPS 接收机连接。

（4）量取天线高。在每时段观测前、后各量取天线高一次，精确至毫米。采用倾斜测量方法，从脚架互成 120°的三个空挡测量天线挂钩至中心标志面的距离，互差小于 3mm，取平均值。

（5）根据作业计划，在规定的时间内开机。做好测站记录，以方便今后处理，它们分别是：①天线高；②观测时段，即开、关机时间；③接收机系列号；④天线类型；⑤日期；⑥接收机类型；⑦量度方式。

（6）观察三个指示灯在整个观测时程中的变化情况。

（7）接收时间的规定。按快速静态的要求，3 台 GPS 接收机的红、黄灯交替闪亮时可同时关机，为一个时段。

6．实训中注意事项

（1）一定要对中整平，圆气泡必须严格居中。

（2）天线的定向标志可以不指向正北方向，但在整个控制网中各点处的定向标志指向必须一致。

（3）GPS 接收机是目前技术先进、价格昂贵的测量型 GPS 接收机，在安置和使用时必须严格遵守操作规程，注意爱护仪器。

（4）使用时仪器注意防潮、防晒。

（5）GPS 接收机后面板的电源接口具有方向性，接电缆线时注意红点对红点拔插，千万不能旋转插头。

7. 记录计算表

GPS 数据采集记录表见表 3.4。

表 3.4　　　　　　　　　　　　　　　　　　　　工程 GPS 外业观测手簿

观测者姓名：＿＿＿＿＿　　日期：＿＿＿＿＿年＿＿＿＿月＿＿＿＿日

测　站　名：＿＿＿＿＿　　测站号：＿＿＿＿＿　　时段号：＿＿＿＿＿

天 气 状 况：＿＿＿＿＿＿＿＿＿

测站近似坐标： 经度：E ＿＿＿＿°＿＿＿＿′ 纬度：N ＿＿＿＿°＿＿＿＿′ 高程：＿＿＿＿＿＿＿＿（m）	本测站为： □＿＿＿＿＿新点 □＿＿＿＿＿等大地点 □＿＿＿＿＿等水准点 □＿＿＿＿＿

记录时间：□ 北京时间　　　　□UTC　　　　□ 区时

开录时间：＿＿＿＿＿＿＿＿　结束时间：＿＿＿＿＿＿＿＿

接收机号：＿＿＿＿＿＿　天线号：＿＿＿＿＿＿＿

天线高：（m）　　　　　　测后校核值：＿＿＿＿＿＿＿

1. ＿＿＿＿＿　　2. ＿＿＿＿＿　　3. ＿＿＿＿＿　　平均值：＿＿＿＿＿

天线高量取方式略图	测站略图及障碍物情况

观测状况记录

1. 电池电压：＿＿＿＿＿＿＿＿＿（块条）

2. 接收卫星号：＿＿＿＿＿＿＿＿＿．

3. 信噪比（SNR）：＿＿＿＿＿＿＿＿＿

4. 故障情况：＿＿＿＿＿＿＿＿＿

＿＿＿＿＿＿＿＿＿＿＿＿＿＿＿＿＿

5. 备注：＿＿＿＿＿＿

8. 提交成果

（1）学生课前自主学习小结（每小组 1 份，课前展示）。

（2）实训结束时小组提交 GPS 数据采集记录表。

（3）课后每人交实训报告 1 份。

知识点 1：灵锐 S82GPS 接收机简介。

（1）概述。灵锐 S82 不需要点间通视，在任何情况下均可进行操作。它可有效的应用于短基线、中等基线及长基线的静态，快速静态测量。灵锐 S82 是集成的一体化接收机，接收机、天线及密封于一体，总重量只有 2.7kg，需外接电池。

灵锐 S82 操作简单，坚固耐用，全机只需一个按钮操作。整个野外观测过程只需利用电源按钮开机和关机即可。灵锐 S82 应用于快速静态，观测时间一般情况下需要半小时。

（2）技术指标。

通道：独立 24 通道。

跟踪信号：L1 / L2。

静态平面精度：3mm＋1ppm。

静态高程精度：5mm＋2ppm。

静态作用距离：优于 80km。

静态内存：内置 32M。

RTK 平面精度：1cm＋1ppm。

RTK 高程精度：2cm＋1ppm。

通信方式：USB、串口、蓝牙。

数据链：25W/15W（发射功率）。

RTK 初始化时间：典型 15s。

知识点 2：灵锐 S82 主机介绍。

主机呈圆柱形（图 3.3），主机前侧为按键和指示灯面板（图 3.4），仪器底部内嵌有电台模块和电池仓部分。移动站（图 3.5、图 3.6）在这部分装有内置电台；基准站为外接发射电台，该部分起接口转换的作用。

这里着重介绍灵锐 S82 的指示灯和按键。指示灯在面板的上方，从左向右依次是状态指示灯，数据链指示灯，卫星/蓝牙指示灯和电源指示灯。

图 3.3　灵锐 S82 移动站主机外形

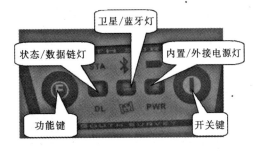

图 3.4　灵锐 S82 按键与指示灯

图 3.5　灵锐 S82 移动站主机底部

图 3.6　灵锐 S82 移动站主机底部接口

（1）电源指示灯。其指示作用见表 3.5。

表 3.5　电源指示灯的指示作用

灯状态（红绿）	基准站主机状态	移动站主机状态
不亮	未开机	未开机
红灯长亮	电池使用中	电池使用中
红灯闪	电池电量不足	电池电量不足
绿灯长亮	使用外接电源	

（2）卫星/蓝牙指示灯。其指示作用见表 3.6。

表 3.6　卫星/蓝牙指示灯的指示作用

灯状态（红绿）	基准站主机状态	移动站主机状态
不亮	锁定卫星为零	锁定卫星为零，蓝牙未接通
红灯每隔 30s 开始连续闪烁 n 次	电池使用中	电池使用中
绿灯长亮		手簿主机之间蓝牙连通
绿灯闪	主机使用 USB 连接电脑进行数据传输	主机使用 USB 连接电脑进行数据传输

（3）数据链指示灯。其指示作用见表 3.7。

表 3.7　数据链指示灯的指示作用

灯状态（红）	基准站主机状态	移动站主机状态
不亮	未发射差分信息	未接收到差分信息
每 5s 快闪 2 次	正常发射差分信息	
每秒快闪 1 次	搜星少于 4 颗	正常接收差分信息
长亮	主机静态模式	主机静态模式

（4）状态指示灯。其指示作用见表 3.8。

表 3.8　　　　　　　　　　　　状态指示灯的指示作用

灯状态（红）	基准站主机状态	移动站主机状态
不亮	未开机/静态测量未开始采集	未开机/静态测量未开始采集
每 n 秒闪 1 次	静态采集，间隔 n 秒	静态采集，间隔 n 秒
每秒闪 1 次	动态数据链正常	动态数据链正常
每秒短闪 1 次	动态数据链数据不足	动态数据链数据不足

特殊状态：

若电源灯长亮，卫星/蓝牙和数据链灯同时闪烁不止，表明系统出错，若多次重开机也如此，则需要与相关维修人员联系。

（1）错误状态。当系统出现下列情况时，会出现系统错误，卫星灯和通信灯的红灯会同时闪烁不止。

1）内存检测错误。

2）接收机检测失败。

3）当基准站工作在重复设站模式，却不能正确获取基准站坐标时。

（2）未注册或者注册码到期状态。卫星灯和电台灯交替闪烁，交替闪烁的时间间隔为一秒。

（3）蜂鸣器的工作状态。

1）当系统出现错误状态时，卫星灯和通信灯的红灯会同时闪烁，同时蜂鸣器有"嘀嗒"声。

2）移动站，当没有接收到电台信号时会自动切换通道，每切换通道一次，蜂鸣器会响一次。

3）关机时，长按开关键约 3s，这时蜂鸣器鸣叫表示按键有响应，响三次松手即关机。

4）RTK 系统在进行放样工作时，放样的某些功能操作，设置了蜂鸣提示音。

注意：面板指示灯的指示意义可能在版本升级后有所变化，具体变化情况参考版本说明，GPRS/GSM 电台请参考独立说明。

知识点 3：三个指示灯的几种变化情况。

（1）开机，初始化。按电源按钮打开灵锐 S82 接收机，三个液晶指示灯初始化，大约需要 1s。接着电源指示灯呈红色常亮，剩下的两个液晶指示灯被自动关掉。当接收机首次锁定到 3 颗卫星，卫星灯呈红色快闪。一旦有 4 颗或 4 颗以上的卫星被锁定，卫星灯就慢闪。当红色卫星 LED 灯开始慢闪的时候，一个数据文件被打开，同时数据记录 LED 灯呈黄色实心。

（2）数据记录。当接收机正常记录的时候，红色卫星灯慢闪，同时黄色的记录灯处于实心状态，在存储数据期间，接收机正常跟踪卫星，即红色卫星灯慢闪，同时内置的处理器会自动确认快速静态测量还需要采集数据的时间。

（3）对于快速静态测量，当接收机确认有足够的数据被记录时，黄色的数据记录灯会慢闪，在这个时刻关机，如果整个测量的基线长度在快速静态测量的限制，就是安全的。

（4）当接收机接收到 4 颗或更多的卫星且一个数据文件被打开的时候，在灵锐 S82 接收机内的快速静态计时器开始计时，如果在跟踪卫星的期间，接收机对第 4 颗卫星失锁或跟踪 3 颗或更少的卫星，计时器重新设置为零。当接收机又锁定了 4 颗或更多的卫星时，计时器重新计时。整个期间只有一个数据文件保持打开。

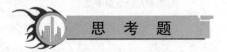

思 考 题

（1）简述灵锐 S82GPS 接收机主机的主要构成部分。
（2）简述灵锐 S82GPS 接收机主机的指示灯和按键功能。

项目 3　经纬仪测绘法测地形图

1. 实训目的

（1）掌握经纬仪测绘法测地形图的方法和步骤。
（2）掌握经纬仪测绘法测地形图的记录与计算方法，熟悉计算器的使用。
（3）掌握经纬仪测绘法测地形图展点与绘图方法。

2. 任务与要求

在校园中选择部分校区用经纬仪测绘法测地形图，要求如下：

（1）地面上若无已知控制点，采用假定的三维坐标系统。
（2）每观测完一点即刻进行计算并展点，边测边绘。
（3）水平距离、坐标增量、坐标取位至 0.1m，高差、高程取位至 0.1m（平地取位至 0.01m）。

3. 实训方式及学时分配

（1）分小组进行，4～5 人一组，小组成员互相配合，轮流操作各环节。
（2）学时数为 4 学时，可安排课内或部分业余时间完成。

4. 仪器、工具及附件

（1）每组借领：DJ$_6$ 经纬仪 1 台，三脚架 1 副，图板 1 块，展点工具 1 套（①量角器、三棱尺、小针；②坐标展点器），视距尺（水准尺）1 根，小钢卷尺 1 把。
（2）自备：记录板 1 块，铅笔 1 支，计算器 1 个，测伞 1 把。

5. 实训步骤简述

（1）测站点上安置仪器，对中整平，量取仪器高 i（精确至厘米），假定测站点三维坐标。若采用坐标展点器展点，还须根据后视方向假定方位角。
（2）安置图板。

1）量角器配合三棱尺展点。图板安置在测站点附近，在图板上确定测站点位置，画上起始方向线，将小针通过量角器的小孔钉在测站点上，使量角器能按小针自由旋转。

2）坐标展点器展点。图板安置在测站点附近，确定图廓西南角坐标，再确定每条格网线的坐标。

　　（3）定向点竖立觇标。

　　（4）经纬仪定向。

　　1）量角器配合三棱尺展点。经纬仪盘左照准觇标底部，配盘，使水平度盘读数为0°00′00″。

　　2）坐标展点器展点，经纬仪盘左照准觇标底部，配盘，使水平度盘读数为后视方向的方位角。

　　（5）待测的地形点上竖立视距尺，经纬仪照准视距尺，采用视距测量的任何一种方法进行观测，并读取水平度盘读数。视距测量的方法有：①任意法；②等仪器高法；③直读视距法；④平截法（经纬仪水准法）。

　　（6）计算。

　　1）量角器配合三棱尺展点。根据不同的观测方法，按视距测量计算水平距离和高差，再计算高程。

　　2）坐标展点器展点。根据不同的观测方法，按视距测量计算水平距离和高差。再计算坐标增量、坐标和高程。水平度盘读数就是照准方向的方位角。

$$\Delta x = D\cos\alpha, \Delta y = D\sin\alpha$$

$$x_{碎} = x_{站} + \Delta x, y_{碎} = y_{站} + \Delta y, H_{碎} = H_{站} + h$$

　　（7）展点。

　　1）量角器配合三棱尺展点。根据水平距离和水平角（水平度盘读数），将碎部点展绘在图纸上，并在点位右侧注记高程。将测量结果记入记录计算表（表3.9）中。

　　2）坐标展点器展点。首先确定碎部点所在方格西南角坐标，然后计算碎部点与它所在方格西南角坐标差，根据坐标差，将碎部点展绘在图纸上，并在点位右侧注记高程。将测量结果记入记录计算表（表3.10）中。

　　（8）将地物点按地物形状连接起来，根据地貌点勾绘等高线。

　　6. 实训中注意事项

　　（1）经纬仪测绘法只用盘左观测，所以实训所用经纬仪，事先应进行检验校正，使竖盘指标差不大于1′。

　　（2）根据不同的展点方法，选择不同的定向方法、观测方法、计算方法。

　　（3）边测边算边绘。

　　（4）每观测若干点后，进行定向检查，定向误差不大于4′。

　　7. 记录计算表

　　（1）量角器配合三棱尺展点。利用量角器配合三棱尺展点的经纬仪测绘法记录计算表见表3.9。

　　（2）坐标展点器展点。利用坐标展点器展点的经纬仪测绘法记录计算表见表3.10。

表 3.9　　　　　　　　　　**经纬仪测绘法记录计算表（一）**

日期：_____　　小组：_____　　　　仪器号：_____

测站点：_____　　后视点：_____　　测站高程：_____　　仪器高：_____

测点	读数（m）		视距（m）	中丝（m）	水平度盘读数（° ′ ″）	竖盘读数（° ′ ″）	水平距离（m）	高差（m）	高程（m）
	上丝	下丝							

表 3.10　　　　　　　　　**经纬仪测绘法记录计算表（二）**

日期：_____　　小组：_____　　　　仪器号：_____

测站点：_____　　后视点：_____　　后视方位角：_____　　仪器高：_____

测站点纵坐标：_____　　测站点横坐标：_____　　测站高程：_____

测点	上丝（m）	下丝（m）	视距（m）	中丝（m）	水平度盘读数（° ′ ″）	竖盘读数（° ′ ″）	水平距离（m）	高差（m）	坐标增量（m）		坐标（m）		高程（m）
									Δx	Δy	x	y	

8. 提交成果

（1）学生课前自主学习小结（每小组 1 份，课前展示）。

（2）实训结束时小组提交经纬仪测绘法记录计算表。

（3）课后每人交实训报告 1 份。

相关支撑知识

知识点 1：经纬仪测图，见配套教材。

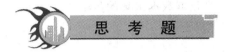

思 考 题

(1) 经纬仪测绘法一个碎部点需要哪些观测数据？

(2) 简述经纬仪测绘法的观测步骤。

(3) 如何选定地貌特征点和地物特征点？

项目 4　使用全站仪进行野外数据采集

1．实训目的

(1) 掌握利用全站仪进行野外数字测图的测站设置、后视定向和定向检查的方法。

(2) 掌握利用全站仪进行野外数字测图的碎部测量、数据存储和数据传输的方法。

2．任务与要求

每实训小组完成一定范围内（如校园内的某个楼房周围）的地形图数据采集工作，大约 4～5 站，每人观测一测站。

3．实训方式及学时分配

(1) 分小组进行，每小组由 4～5 人组成，分工协作；1～2 人操作仪器，1 人记录，1 人跑镜。

(2) 学时数为 4 学时，可安排课内或部分业余时间完成。

4．仪器、工具及附件

(1) 每组借领：全站仪 1 台，三脚架 1 副，反光棱镜 1 个，棱镜杆 1 个。

(2) 自备：记录板 1 块，铅笔 1 支，计算器 1 个，测伞 1 把，草图纸若干。

5．实训步骤简述

(1) 常用全站仪的数据采集步骤：

1) 安置仪器。在测站点上安置仪器，包括对中和整平。对中误差控制在 3mm 之内。

2) 建立或选择工作文件。工作文件是存储当前测量数据的文件，文件名要简洁、易懂、便于区分不同时间或地点的数据，一般可用测量时的日期作为工作文件的文件名。

3) 测站设置。如果仪器中有测站点坐标，可从文件中选择测站点点号来设置测站。如果仪器中没有测站点则需手工输入测站点坐标来设置测站。

4) 后视定向。从仪器中调入或手工输入后视点坐标，也可直接输入后视方位角，然后照准后视点，按确认键进行定向。

5) 定向检查。定向检查是碎部点采集之前重要的工作，特别是对于初学者。在定向工作完成之后，再找一个控制点上立棱镜，将测出的坐标和已知坐标比较，通常 X、Y 坐标差都应该在 1cm 之内。通常要求每一测站开始观测和结束观测时都应做定向检查，确保数据无误。

6）碎部测量。定向检查结束之后，就可进行碎部测量。采集碎部点前先输入点号，碎部测量可用草图法和编码法两种，草图法需要外业绘制草图，内业按照草图成图。编码法需要对各个碎部点输入编码，内业通过简码识别自动成图。

（2）拓普康 GTS2000 系列仪器数据采集的步骤：

1）按 MENU 键进入程序界面。

2）按 F1 键进入数据采集程序。

3）新建文件或选择一个已有文件。

4）进入数据采集 1/2 界面，进行数据采集设置。

按 F1（测站点输入）键进入测站点设置界面，输入测站点点号、坐标及仪器高。

按 F2（后视）键进入后视方向设定界面，通过输入后视点的点号及坐标进入后视定向，之后瞄准目标，通过测量后视点坐标来检查后视点并完成后视定向，返回数据采集界面。

按 F3（侧视/前视）键进入碎部测量界面。

5）采集数据。碎部测量界面，输入测点点号、镜高，瞄准目标，按 F3（测量）键观测，等待屏幕上显示观测结果，结果正确，按 F3（是）键，保存观测数据（测点 X，Y，Z），并返回碎部测量界面。重复本过程，完成本测站上其他碎部点的观测、记录。

6）在各个细部点上立棱镜，完成数据采集工作，返回初始界面并关机。

（3）南方 NTS—352 仪器数据采集的步骤：

1）按"MENU"（菜单）键进入"菜单 1/3"界面。

2）按 F1 键（数据采集）进入"数据采集"界面。

3）建立或选择文件。输入一个新文件名或选择一个已有的文件名。

4）输入测站点。按 F1 键（设置测站）进入"设置测站点"作业界面，输入测站点名、坐标（X、Y、H 或 N、E、Z）及仪器高，点击 F4"确认"返回 1/3 测站设置界面。

5）输入后视点。按 F2 键进入"设置后视点"作业界面，通过人工输入角度或坐标的方式完成后视定向，点击 F3"确定"返回 1/3 测量设置界面。

6）开始测量。按 F3 键进入"测量"作业界面，输入碎部点点号，棱镜高，瞄准目标，按 F3 键"测量"完成目标点的观测和记录。重复本过程，完成本测站上其他碎部点的观测、记录。

7）在各个细部点上立棱镜，完成数据采集工作，返回初始界面并关机。

（4）全站仪数据传输。

1）全站仪操作（GTS2000 系列仪器）：①连接数据线；②开机；③按"MENU"进入程序菜单；④按 F3 键进入存储管理界面；⑤按 F4 键两次进入存储管理 3/3 界面；⑥按 F1 键（数据通信）进入数据传输界面；⑦按 F3 键进行通讯参数设置；⑧按 F1 键发送数据；⑨F1～F3 键选择发送数据类型；⑩选择发送文件。

2）计算机上操作：①开计算机，进入"CASS 绘图"界面；②选择"数据"下拉菜单中"读取全站仪数据"菜单项；③计算机中通信参数设定；④输入传输数据文件名；⑤点击转换；⑥在计算机上回车；⑦全站仪上回车，开始传输数据。

6．实训中注意事项

（1）全站仪价格昂贵，一定按规程操作，保证仪器安全。

（2）实训以外的功能不要操作，尤其不要改变全站仪的设置。

（3）实训过程中仪器及反光镜要有人守候；切忌用手触摸反光镜及仪器的玻璃表面。

（4）仪器安置时必须确保上紧脚架上的连接螺旋，方可将固定仪器的手放开，防止仪器从脚架上摔落。

（5）每次照准都要瞄准棱镜中心。

（6）不得将望远镜直接照准太阳，否则会损坏仪器；小心轻放，避免撞击与剧烈振动。

（7）注意工作环境，避免沙尘侵袭仪器；在烈日、雨天、潮湿环境下作业，必须打伞。

（8）取下电池时务必先关闭电源，否则会损坏内部线路。

（9）仪器入箱，必须先取下电池，否则可能会使仪器发生故障，或耗尽电池电能。

（10）实习操作过程中，按按钮及按键时动作要轻，用力不可过大及过猛。

（11）气压计、温度计应放置在通风阴凉的地方，不得暴露在阳光下。

7．提交成果

（1）学生课前自主学习小结（每小组 1 份，课前展示）。

（2）小组提交外业观测数据成果（DAT）文件一份。

（3）每人交实训报告 1 份。

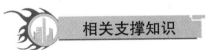
相关支撑知识

知识点 1：全站仪数字化测图，具体见配套教材。

思　考　题

（1）简述使用拓普康 GTS2000 全站仪进行外业数据采集的流程。

（2）简述使用南方 NTS—352 全站仪进行外业数据采集的流程。

（3）简述全站仪数据传输的基本过程。

项目 5　场地平整的土石方数量测算

1．实训目的

掌握水平场地平整土石方数量的测算方法。

2．任务与要求

（1）将某一建筑区内的倾斜场地改造成水平场地，要求按挖、填土方量基本平衡的原则，计算出设计平面高程和挖、填土方量。

（2）在倾斜场地中，可用皮尺和经纬仪按 10m 的边长在地面上定出一矩形方格网，方格数 9～12 个为宜，在各方格网点上打上木桩，写上编号，并按比例绘制一方格网图。

3. 实训方式及学时分配

(1) 分小组进行，4～5 人一组，小组成员互相配合，轮流操作各环节。

(2) 学时数为 2 学时，可安排课内完成。

4. 仪器、工具及附件

(1) 每组借领：DS₃ 水准仪 1 台，经纬仪 1 台，三脚架 1 副，标尺 1 根，皮尺 1 把，木桩若干。

(2) 自备：记录板 1 块，铅笔 1 支，计算器 1 个，三角板 1 个，橡皮 1 块，测伞 1 把。

5. 实训步骤简述

(1) 选择一块倾斜的场地，用皮尺和经纬仪按 10m 的边长在地面上定出一矩形方格网，方格数 9～12 个为宜，在各方格网点上打上木桩，写上编号，并按比例绘制一方格网图。

(2) 确定各方格网点地面高程。用水准仪根据已知水准点按视线高法测出各方格顶点的高程，并注记在相应方格顶点的右上方。

(3) 计算设计平面高程。根据方格顶点的高程分别计算各方格的平均高程，再把每个方格的平均高程相加除以方格总数 n，就可得到拟建场地的设计平面高程 H_0，也可按式 (3.15) 直接计算出设计高程 H_0，并将设计高程注记在方格点的右下方。

$$H_0 = \frac{\sum H_{角} + 2\sum H_{边} + 3\sum H_{拐} + 4\sum H_{中}}{4n} \tag{3.15}$$

(4) 计算填、挖高度。每一方格顶点的挖、填高度为地面高程与设计高程之差，各方格顶点的挖、填高度注于相应方格顶点的左上方。"＋"号为挖深，"－"号为填高。

(5) 确定填挖边界线。在方格网图的方格边上用目估内插法定出设计高程为 H_0 的高程点，即填挖边界点，连接相邻零点的曲线即为填挖边界线。

(6) 计算填、挖土方量。挖、填土方量可按角点、边点、拐点和中点分别按下式计算：

角点   填(挖)高度 $\times \dfrac{1}{4}$ 方格面积

边点   填(挖)高度 $\times \dfrac{2}{4}$ 方格面积

拐点   挖(填)高度 $\times \dfrac{3}{4}$ 方格面积

中点   填(挖)高度 $\times 1$ 方格面积

方格边长为 10m，则每小方格实地面积为 100m²，根据上述公式，分别计算角点、边点、中点、拐点上的挖方量或填土方量，最后累计算出总挖方量和总填方量。

6. 实训中注意事项

(1) 测定方格网点高程时按照等外水准测量的精度要求进行。

(2) 计算时高程取位至厘米。

7. 记录计算表

挖、填土方记录计算表见表3.11。

表 3.11　　　　　　　　　　　挖、填土方记录计算表

点号	挖深 （m）	填高 （m）	所占面积 （m²）	挖方量 （m³）	填方量 （m³）

8. 提交成果

（1）学生课前自主学习小结（每小组1份，课前展示）。

（2）实训结束时小组提交地面标记水准点和方格点、方格网图和挖、填土方记录计算表。

（3）课后每人交实训报告1份。

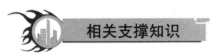

相关支撑知识

知识点1：水平场地平整及土石方量的计算，详见配套教材。

思　考　题

（1）计算设计平面高程的方法有哪几种？

（2）如何确定填挖边界线？

项目6　极坐标法测设点位

1. 实训目的

（1）掌握已知水平角、已知水平距离的测设方法。

（2）掌握极坐标法测设点的平面位置的方法。

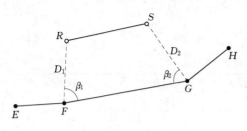

图 3.7　极坐标法测设点位

2. 任务与要求

（1）如图 3.7 所示，设 F、G 为施工现场的平面控制点，其坐标值为：（$x_F = 356.812$m，$y_F = 235.500$m）、（$x_G = 368.430$m，$y_G = 315.610$m）。R、S 为建筑物主轴线端点，其设计坐标值为：（$x_R = 370.000$m，$y_R = 245.361$m）、（$x_S = 376.000$m，$y_S = 305.000$m）。用极坐标法测设 R、S 点的平面位置。

（2）检核要求：测设出的 R、S 之间的距离与设计长度相比较，相对精度在 1/3000 以上合格，否则应重新测设。

（3）要求每个同学都能计算测设数据，清楚测设方法。

3. 实训方式及学时分配

（1）分小组进行，4～5 人一组，小组成员互相配合，轮流操作各环节。

（2）学时数为 2 学时，可安排课内完成。

4. 仪器、工具及附件

（1）每组借领：经纬仪 1 台，三脚架 1 副，30m 钢尺 1 把，40mm×40mm×300mm 的木桩 4～5 根，锤子 1 把，花杆 1 根，测钎 2～3 根，小钢卷尺 1 把。

（2）自备：记录板 1 块，铅笔 1 支，计算器 1 个，测伞 1 把。

5. 实训步骤简述

（1）计算测设要素。根据控制点 F、G 的坐标和 R、S 的设计坐标值，计算测设所需的数据 β_1、β_2 及 D_1、D_2。

（2）进行点位测设。如图 3.8 所示：

1）测设时将经纬仪安置于 F 点，对中、整平，盘左位置精确瞄准 G 点，转动度盘变换手轮，将水平度盘读数置为 $0°00'00''$ 附近，精确读取 G 目标的水平度盘读数 β_0。

2）按逆时针方向测设 β_1 角，得到 FR 方向。再沿此方向测设水平距离 D_1，即得到 R' 点的平面位置，用测钎作以标记。

3）再盘右测设 β_1 角，并在视线方向定出 R'' 点，用测钎作以标记。

图 3.8　经纬仪极坐标法测设点位

4）取 R'、R'' 中点即为所求点 R，FR 即为所要测设的方向。

5）沿测设的方向 FR，展开钢尺，后尺手将钢尺零刻划对准 F 点，前尺手将钢尺沿既定方向拉紧，将测钎对准待需测设的长度 D_1 所对应的刻划处插入地面，打入木桩作以标志。

6）精确丈量测站与木桩顶面之间距离，在距离为 D_1 处的木桩顶面作十字标记，此即为所测设的 R 点。

7）用同样方法测设出 S 点。

(3) 进行检核。然后用钢尺丈量 RS 之间的距离,并与设计长度相比较,相对精度在 1/3000 以上,则合格,否则应重新测设。

6. 实训中注意事项

(1) 本实训所介绍的方法为一般精度的测设方法,更精确的测设方法可参考有关资料。

(2) 测设前应先在室内计算好测设要素以提高外业工作效率。

(3) 测设点位的方法有多种,也可根据实际情况选用其他方法完成测设工作。

7. 记录计算内容

(1) 计算测设数据。(参考)

首先计算 FG、FR、GS 的坐标方位角,即

$$\alpha_{FG} = \arctan \frac{y_G - y_F}{x_G - x_F}$$

$$\alpha_{FR} = \arctan \frac{y_R - y_F}{x_R - x_F}$$

$$\alpha_{GS} = \arctan \frac{y_S - y_G}{x_S - x_G}$$

计算 β_1、β_2 如下

$$\beta_1 = \alpha_{FG} - \alpha_{FR}$$

$$\beta_2 = \alpha_{GS} - \alpha_{GF}$$

计算距离 D_1、D_2 如下

$$D_1 = \sqrt{(x_R - x_F)^2 + (y_R - y_F)^2}$$

$$D_2 = \sqrt{(x_S - x_G)^2 + (y_S - y_G)^2}$$

(2) 测设结果检核表见表 3.12。

表 3.12   **测 设 结 果 检 核 表**

观测者:＿＿＿＿＿＿＿＿＿＿   记录者:＿＿＿＿＿＿＿＿＿＿

设计坐标(m)	$R(x, y) =$		$S(x, y) =$	
$D_{RS设计值}$				备注
$D_{RS丈量值}$				
相对精度				

8. 提交成果

(1) 学生课前自主学习小结(每小组 1 份,课前展示)。

(2) 实训结束时小组提交测设标定的桩位、测设计算数据及测设结果检核表。

(3) 课后每人交实训报告 1 份。

知识点 1：测设的基本工作，见配套教材。

知识点 2：测设点位的基本方法，见配套教材。

（1）测设点的平面位置有哪些方法？各适用于什么情况？

（2）进行点位测设前需做哪些准备工作？

项目 7　测设已知高程和已知坡度

1. 实训目的

（1）掌握测设已知高程点的一般方法。

（2）掌握测设已知坡度的一般方法。

2. 任务与要求

（1）根据已知水准点 BM_5（$H_5 = 59.327\text{m}$）测设地物 A 的标高，假定 $H_{A设} = 60.513\text{m}$，地物 A 可以是木桩，也可是墙壁或灯杆。要求高程测设误差不大于 $\pm 5\text{mm}$。

（2）A、B 分别为设计坡度线的起始点和终点，其设计高程分别为 H_A 和 H_B，AB 间的距离设为 D（可假定约 160m）。沿 AB 方向测设坡度为 i_{AB} 的坡度线。

3. 实训方式及学时分配

（1）分小组进行，4～5 人一组，小组成员分工协作，轮流操作各环节。

（2）学时数为 2 学时，可安排课内完成。

4. 仪器、工具及附件

（1）每组借领：DS₃ 水准仪 1 台，30m 钢尺 1 把，水准尺 2 根，40mm×40mm×300mm 的木桩 4～5 根，锤子 1 把，小钢卷尺 1 把。

（2）自备：记录板 1 块，铅笔 1 支，红画笔 1 支，计算器 1 个，测伞 1 把。

5. 实训步骤简述

（1）测设已知高程。

1）如图 3.9 所示，在实训场地上指定假定的已知水准点 BM_5（如 $H_5 = 59.327\text{m}$）和待测设的地物 A（如 $H_{A设} = 60.513\text{m}$）的位置。

2）在水准点 BM_5 和 A 点之间安置水准仪，后视 BM_5 得读数 a，则视线高程为

$$H_i = H_5 + a$$

3）计算 A 点水准尺尺底恰好位于设计高程时的前视读数 $b_应$。

$$b_应 = H_i - H_{A设}$$

4）上、下移动竖立在木桩 A 侧面的水准尺，使尺上读数为 $b_应$。此时紧靠尺底在桩上画一水平线，其高程即为待测设的地物 A 的设计高程 6.513m。

5）检验：用水准测量法观测水准点 BM_5 与已测设的标高 A 的高差，并与设计高差 $[H_A - H_5 = -0.814$（m）$]$ 相比，误差应不大于 ± 5mm，若误差超限应重测。

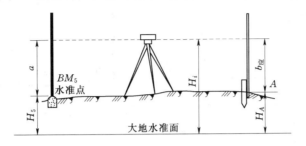

图 3.9　已知高程的测设

（2）测设已知坡度线。

1）如图 3.10 所示，首先选定 AB 方向线，并在 AB 间按一定的间隔在地面上标定出中间点 1、2、3 的位置，分别量取每相邻两桩间的距离为 d_1、d_2、d_3、d_4，AB 间距离 D 即为 d_1、d_2、d_3、d_4 的和。

2）计算每一个桩点的设计高程，计算式为 $H_设 = H_A + i_{AB} d_i$（d_i 即为 A 点和桩点间的距离。例如，计算 2 点的设计高程时，计算式中的 d_i 即为 d_1 与 d_2 的和）。

3）安置水准仪，读取 A 点水准尺后视读数 a，则水准仪的视线高程 $H_视 = H_A + a$，再算出每一个桩点水准尺的应读前视读数 b，方法是用视线高程减去该点的设计高程，计算式为 $b = H_视 - H_设$。

4）按测设高程的方法，指挥测量立尺人员，分别使水准仪的水平视线在水准尺读数刚好等于各桩点的应读前视读数 b 时作出标记，则桩标记连线即为设计坡度线。

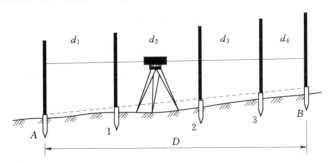

图 3.10　水平视线法测设坡度线

6．实训中注意事项

（1）本实训所介绍的方法为一般精度的测设方法，更精确的测设方法可参考有关资料。

（2）测设前应先在室内计算好测设要素以提高外业工作效率。

（3）测设已知坡度还有其他方法，也可根据实际情况选用。

7．记录计算表

测设已知高程点外应记录表和测设已知坡度线外业记录表分别见表 3.13 和表 3.14。

表 3.13　　　　　　　　　　　　　测设已知高程点外业记录表

观测者：＿＿＿＿＿　　记录者：＿＿＿＿＿　　前视尺：＿＿＿＿＿　　后视尺：＿＿＿＿＿

高程测设	BM_5 点高程 $H_5=$	
	A 点高程 $H_A=$	
	后视读数 $a=$	
	前视读数 $b=$	
	BM_5 点高程 $H_5=$	
	A 点高程 $H_A=$	
	后视读数 $a=$	
	前视读数 $b=$	
	BM_5 点高程 $H_5=$	
	A 点高程 $H_A=$	
	后视读数 $a=$	
	前视读数 $b=$	

表 3.14　　　　　　　　　　　　　测设已知坡度线外业记录表

观测者：＿＿＿＿＿＿　　　记录者：＿＿＿＿＿＿

已知条件	距离（m）	桩点号	d_i（m）	桩点的设计高程 $H_设$（m）	后视读数 a（m）	视线高程 $H_视$（m）	应读前视读数 b（m）	备注
$H_A=$　　m	$D=$	1						
		2						
	$d_1=$	3						
$H_B=$　　m	$d_2=$	4						
	$d_3=$	5						
$i_{AB}=$	$d_4=$							

8. 提交成果

（1）学生课前自主学习小结（每小组 1 份，课前展示）。

（2）实训结束时小组提交测设现场标定的桩位及外业记录表。

（3）课后每人交实训报告 1 份。

知识点1：测设的基本工作，见配套教材。

知识点2：坡度线的测设，见配套教材。

（1）测设已知坡度的方法有哪几种？

（2）测设已知高程的步骤如何？

项目 8　全站仪点位测设

1. 实训目的

（1）了解全站仪坐标测设的工作原理。

（2）了解在坐标测设过程中，如何在仪器中设置测站点（后视点）坐标、配置后视方向水平度盘读数和输入仪器高/棱镜高等参数。

（3）练习使用全站仪进行坐标测设，能够根据极坐标法测设点的平面位置，根据三角高程原理测设点的高程。

2. 任务与要求

（1）如图 3.11 所示，根据地面已知控制点 F、G 的坐标和 P、Q 的设计坐标，按照实训步骤完成放样点位的测设。点位坐标可参照表 3.15。

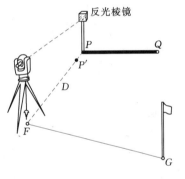

图 3.11　全站仪点位测设略图

表 3.15　　　　　　　　　　　　　　**全站仪点位测设示例数据**

点名称	点号	x	y	H
测站点	F	814.456	1011.794	60.456
后视点	G	817.059	1027.008	
放样点1	P	823.897	1015.417	60.601
放样点2	Q	825.496	1022.136	60.717

（2）测定已放样点的坐标，要求 x、y 坐标实测值与理论值之差不大于 $\pm 10\text{mm}$。

3. 实训方式及学时分配

（1）分小组进行，每小组由 4～5 人组成，分工协作，轮流操作；1～2 人操作仪器，1 人记录，2 人立棱镜。

（2）学时数为 2 学时，可安排课内完成。

4. 仪器、工具及附件

（1）每组借领：全站仪 1 套（主机 1 台、三脚架 1 副），单棱镜 1 个（含对中杆 1 个），温度计 1 个，气压计 1 个。

（2）自备：记录板 1 块，铅笔 1 支，计算器 1 个，测伞 1 把。

5. 实训步骤简述

（1）在控制点上架设全站仪并对中整平，初始化后检查仪器设置：气温、气压、棱镜常数；输入（调入）测站点的三维坐标，量取并输入仪器高，输入（调入）后视点坐标，照准后视点进行后视。如果后视点上有棱镜，输入棱镜高，可以马上测量后视点的坐标和高程并与已知数据检核。

（2）瞄准另一控制点，检查方位角或坐标；在另一已知高程点上竖棱镜或尺子检查仪器的视线高。利用仪器自身计算功能进行计算时，记录员也应进行相应的计算以检核输入数据的正确性。

（3）在各待定测站点上架设脚架和棱镜，量取、记录并输入棱镜高，测量、记录待定点的坐标和高程。

以上步骤为测站点的测量。

（4）在测站点上按步骤（1）安置全站仪，照准另一立镜测站点检查坐标和高程。

（5）记录员根据测站点和拟放样点坐标反算出测站点至放样点的距离和方位角。

（6）观测员转动仪器至第一个放样点的方位角，指挥司镜员移动棱镜至仪器视线方向上，测量平距 D。

（7）计算实测距离 D 与放样距离 D' 的差值：$\Delta D = D - D'$，指挥司镜员在视线上前进或后退 ΔD。

（8）重复步骤（7），直到 ΔD 小于放样限差。（非坚硬地面此时可以打桩）

（9）检查仪器的方位角值，棱镜气泡严格居中（必要时架设三脚架），再测量一次，若 ΔD 小于限差要求，则可精确标定点位。

（10）测量并记录现场放样点的坐标和高程，与理论坐标比较检核。确认无误后在标志旁加注记。

（11）重复步骤（6）～（10），放样出该测站上的所有待放样点。

6. 实训中注意事项

（1）阳光下或雨天进行观测时，仪器及反光镜要打伞，避免仪器直接在阳光下曝晒或被雨淋湿。

（2）仪器安置时必须确保上紧脚架上的连接螺旋，方可将固定仪器的手放开，防止仪器从脚架上摔落。

（3）实训操作过程中，按按钮及按键时动作要轻，用力不可过大及过猛。

（4）气压计、温度计应放置在通风阴凉的地方，不得暴露在阳光下。

（5）照准头切忌对向太阳，以防将发光及接收管烧坏。

（6）实训过程中仪器及反光镜要有人守候；切忌用手触摸反光镜及仪器的玻璃表面。

（7）应按事先安排好的实习步骤和观测顺序有秩序的进行，不得抢先哄挤，做到文明观测。

（8）定向完成后，必须利用其他控制点进行检核；必须核对输入坐标，无误后方可放样；在使用全站仪前必须检查棱镜常数。

7. 检核表

放样结果检核表见表 3.16。

表 3.16　　　　　　　　　　放 样 结 果 检 核 表

仪器型号：_____　出厂编号：_____　觇牌高：_____

天　　气：_____　成像情况：_____　仪器高：_____

日　　期：_____　温　　度：_____　气　压：_____

观 测 者：_____　记 录 者：_____

点名	设计坐标（m）		实测坐标（m）		坐标差值（m）		备　注
	x	y	x	y	Δx	Δy	

8. 提交成果

（1）学生课前自主学习小结（每小组 1 份，课前展示）。

（2）小组提交全站仪点位测设记录检核表。

（3）课后每人交实训报告 1 份。

相关支撑知识

知识点 1：全站仪的操作使用具体方法，见前面相关项目。

知识点 2：全站仪点位测设的外业施测方法及注意事项，见配套教材。

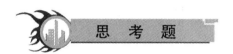

思 考 题

（1）全站仪坐标测设时测站上应做哪些参数设置？

（2）坐标测设的工作原理是什么？

第4章 专业测量能力实训

项目1 制定施工测量方案

本项目主要是给出2个案例供大家学习。

案例1 ××小区××—××号楼工程施工测量方案

第1章 工程概况

工程名称：××小区××—××号楼。

工程地址：××乡××镇。

建设单位：××开发有限公司。

设计单位：××设计研究院。

监理单位：××工程建设监理公司。

施工单位：××建筑工程集团总公司。

本工程为住宅楼工程，共包括7栋单体建筑，建筑总面积约为40000m²。

每个单体建筑地下2层和地上6层，建筑面积约××××m²，其中地下二层为地下车库，层高为4.1m，地下一层层高为3.2m，地上层高为3.2m，建筑最高点标高20.5m。

结构形式为框架—剪力墙体系，地下部分剪力墙为主，地上部分框架为主，剪力墙主要布置在楼电梯间及储藏间等处。

第2章 编制依据

1. 施工合同。

2. 施工图纸。

3. 相关规范、规程。

(1)《工程测量规范》(GB 50026—1993)。

(2)《建筑工程施工测量规程》(DBJ 01—21—1995)。

(3)《建筑安装工程资料管理规程》(DBJ 01—51—2003)。

(4)《建设工程监理规程》(DBJ 01—41—2002)。

第3章 人员组织及设备配置

1. 人员组织。根据工作量和工作难度，设测量工长1名，负责测设工作组织安排，设备管理，现场安全管理，工作质量，工作进度以及测量技术资料的编制；设备管理，现场安全管理。

2. 测量放线工 3 名，负责具体现场操作，在本工程测量放线操作的人员须具有测量放线工作经验，具有测量放线岗位证书。

3. 设备配置见表 4.1。

表 4.1　　　　　　　　　　　　设 备 配 置 表

仪器名称	数量	用　途
全站仪	1	测设平面控制
经纬仪	2	投测轴线
水准仪	2	标高的测量与传递
无线对讲机	3	通讯联络
50m 钢尺	2	轴线量测

第 4 章　施 工 测 量 准 备

施工测量准备工作是保证施工测量全过程顺利进行的重要环节，包括图纸的审核，测量定位依据点的交接与校核，测量仪器的检定与校核，测量方案的编制与数据准备，施工场地测量等。

1. 检查各专业图的平面位置、标高是否有矛盾，预留洞口是否有冲突，及时发现问题，及时向有关人员反映，及时解决。

2. 对所有进场的仪器设备及人员进行初步调配，并对所有进场的仪器设备重新进行检定。

(1) DSZ_3 水准仪检测项目是：圆水准器轴 $L'L' /\!/$ 竖轴 VV；十字丝的中丝 $\perp$ 竖轴 VV；水准管轴 $LL /\!/$ 视准轴 CC，保证 $i \leqslant 20''$。

(2) 电子经纬仪的检测项目是：水准管轴 $LL \perp$ 竖轴 VV，应保证气泡偏离零点不大于半格；十字丝的竖丝 $\perp$ 横轴 HH；视准轴 $CC \perp$ 横轴 HH；横轴 $HH \perp$ 竖轴 VV。

(3) 全站仪的检测项目是：仪器加常数的检验、仪器乘常数的检验、仪器光轴的检验。

3. 复印测量人员的上岗证书，由项目技术经理进行技术交底。

4. 根据图纸条件及工程内部结构特征确定轴线控制网形式。

5. 现场踏勘。全面了解现场情况，并对业主给定的现场平面控制点和高程控制点进行查看和必要的检核。

6. 制定测设方案。根据设计要求、定位条件、现场地形和施工方案等因素，制定测设方案，包括测设方法、测设数据计算和检核、测设误差分析和调整、绘制测设略图等。

7. 准备好测量所需要的辅助工具和材料。50m 钢卷尺 1 把、5m 钢卷尺 3 把、8 磅锤 2 把、羊角锤 1 把、红油漆 1 桶（带稀料）、毛笔 5 支、红蓝铅笔 1 把、15mm 水泥钉 1 盒、50mm 水泥钉 1 盒、铁锹 1 把、木桩若干。

第 5 章　场区平面控制网的测设

1. 场区平面控制网布设原则。

平面控制应先从整体考虑，遵循先整体、后局部，高精度控制低精度的原则。

布设平面控制网形首先根据设计总平面图，现场施工平面布置图。

选点应选在通视条件良好、安全、易保护的地方。

桩位必须用混凝土保护，需要时用钢管进行围护，并用红油漆做好测量标记。

保护方法：首先以控制桩为中心砌长宽均为 0.5m、高 0.3m 的砖墩，砖墩为周围砌砖，中间填充砂浆，砖墩外侧用砂浆抹平，如图 4.1 所示。

图 4.1 桩位保护方法

2. 场区平面控制网的布设及复测。

因该工程为一综合性群体整体性建筑，由 7 幢多层建筑组成，通过地下车库形成一整体。考虑到该工程分期、分段施工特点，项目部首先对地方测绘规划设计研究院提供的该工程定位桩进行复测。测绘院一共提供了 28 个点，利用新北光 BTS—22 电子全站仪进行距离、角度复测，符合规范及点位限差要求后，采用直角坐标定位放样的方法测设出建筑物主轴线的交点，经角度、距离校测符合点位限差要求后，将其引测到基础开挖线以外安全的地方并加以保护，作为场区首级控制。

根据本工程的结构形式和施工现场的实际情况布设轴线控制点。

确定在 1 号楼 1 轴和 F 轴，2 号楼 1 轴和 A 轴，3 号楼 1 轴和 F 轴，4 号楼 1 轴和 F 轴，5 号楼 2 轴和 A 轴，6 号楼 24 轴和 A 轴，7 号楼 24 轴和 A 轴布设轴线控制点，这样可以使各轴线既相互制约又相互联系，便于检查和复核。

具体施测方法为：架设仪器于定位桩 5—4，前视 7—3，做出 A 轴上的轴线控制点，再转 90°定出 5 号楼 2 轴的轴线控制点。致仪器于控制点 6—3 后视控 5—4 转 90°做临时点 6 号楼 24 轴的控制桩，以此类推分别做出其他各栋号楼的控制桩。

建筑物轴线控制桩及相对应尺寸关系见附图（略）。

3. 建筑物的平面控制网。

首级控制网布设完成后，应依据基础平面图上有关墙体、洞口详细位置关系建立建筑物平面矩形控制网。建筑物平面矩形控制网悬挂于首级平面控制网上。

根据地方测绘规划设计研究院提供的该工程定位测量成果依据平面控制网布设原则及轴线加密方法，布设场区平面控制网。轴线控制网的精度等级根据《工程测量规范》（GB 50026—2007）要求，控制网的技术指标必须符合表 4.2 的规定。

表 4.2 轴线控制网指标表

等级	测角中误差（″）	边长相对中误差
二级	±12	1/15000

第 6 章 高程控制网的建立

1. 高程控制网的布设原则。

为保证建筑物竖向施工的精度要求，在场区内建立高程控制网。高程控制的建立是根据甲方提供的场区水准基点（甲方提供了两个），BM_1 标高 42.045m，BM_3 标高 42.758m。采用 S_3 水准仪对所提供的水准基点进行复测检查，校测合格后，测设一条闭合水准路线，为保证建筑物竖向施工的精度要求及观测的方便，在现场内布设四个施工水准点。水准点布设在通视良好的位置，联测场区高程竖向控制点通常是建筑物±0.00），以此作为保证竖向施工精度控制的首要条件，并根据需要定期进行复测。

高程控制网的精度，不低于三等水准的精度。

施工场区内设四个引测的水准点，水准点距离建筑物应大于25m，距离回填土边线应不小于15m。初步定出四个水准点分别是 a_1、a_2、f_1、f_2，布设成闭合水准路线。位置见附图（略）。

2. 高程控制网的等级及观测技术要求。

高程控制网的等级拟布设三等附合水准，水准测量技术要求见表 4.3。

表 4.3   水 准 测 量 技 术 要 求

等级	高差全中误差（mm/km）	路线长度（km）	仪器型号	水准尺	与已知点联测次数	附合或环线次数	平地闭合差（mm）
三等	6	≤50	DS$_3$	双面	往返各一次	往返各一次	$12\sqrt{L}$

注 L 为往返测段附合水准路线长度，km。

水准观测主要技术指标见表 4.4。

表 4.4   水 准 观 测 主 要 技 术 指 标

等级	仪器型号	视线长度（m）	前后视较差（m）	前后视累积差（m）	最低地面高度（m）	基辅或红黑读数差（mm）	基辅或红黑所测较差（mm）
三等	DS$_1$	100	3	6	0.3	1.0	1.5
	DS$_3$	75				2.0	3.0

水准测量的内业计算应符合下列规定：

（1）水准线路应按附合路线和环形闭合差计算，每千米水准测量高差全中误差，按下式计算

$$M_W = \sqrt{\frac{1}{N}[WW/L]} \tag{4.1}$$

式中：M_W 为高差全中误差，mm；W 为闭合差，mm；L 为相应线路长度；N 为附合或闭合路线环的个数。

（2）内业计算最后成果的取值：二等水准精确至 0.1mm，三～五等精确至 1mm。

第 7 章 工程±0.00 以下施工测量

1. 轴线控制桩的校测。

在建筑物基础施工过程中，对轴线控制桩每半月复测一次，以防桩位位移，而影响到正常施工及工程施测的精度要求。

采用测量精度 2″级、测距精度 3mm＋2ppm 的新北光 BTS—22 全站仪，根据首级控

制进行校测。

2. 轴线投测方法。

±0.00 以下的基础施工一般采用经纬仪方向线交会法来传递轴线、引测投点误差不应超过 3mm，轴线间误差不应超过±2mm。

首先依据场区平面轴线控制桩和基础开挖平面图，测放出基槽开挖上口线及下口线，并用白石灰撒出。当基槽开挖到接近设计标高时，用经纬仪分别投测出桩孔控制轴线并测放出桩孔中心线及孔位，并用白石灰撒出。当基槽开挖到接近槽底设计标高时，用经纬仪分别投测出基槽边线和集水坑控制轴线，并打控制桩指导开挖，控制轴线标识如图 4.2 所示。

待垫层、底板打好后，根据基坑边上的轴线控制桩，将经纬仪架设在控制桩位上，经对中、整平后、后视同一方向桩（轴线标志），将所需的轴线投测到施工的平面层上，在同一层上投测的纵、横轴线不得少于两条，以此作角度、距离的校核。一经校核无误后，方可在该平面上或流水段放出其他相应的设计轴线及细部线，并弹墨线标明作为支模板的依据，细部线放样如图 4.3 所示。

图 4.2　控制轴线标识示例

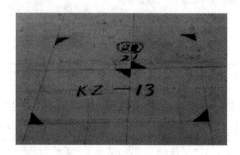

图 4.3　细部线放样示例

模板支好后，应用两经纬仪架设在两条相互垂直的轴线上检查上口的位置。在各楼层的轴线投测过程中，上下层的轴线竖向垂直偏移不得超过 4mm。对电梯井位的平面控制，是测量放线中一个应该注意的问题，在电梯井位附近设置纵、横控制轴线各一条，确保电梯井平面位置的正确性。施工放样技术要求见表 4.5。

表 4.5　　　　　　　　　　　施工放样技术要求

建筑物结构特征	测距相对中误差	测角中误差（″）	测站测定高差中误差（mm）	起始与施工测定高程中误差（mm）	竖向传递轴线点中误差（mm）
钢筋混凝土结构高度 100～120m	1/20000	5	1	6	4

在施工过程中，每当施工平面测量工作完成后，进入竖向施工，在施工中，每当墙、柱体浇筑成形拆掉模板后，应在墙柱体侧面投测出相应的轴线，并在墙体、柱侧面抄测出建筑 1m 线或结构 1m 线（1m 线相对于每层楼板设计标高而定），以供下道工序的使用。

当每一层平面或每段轴线测设完后，必须进行自检，自检合格后及时填写报验单，报送报验必须写明层数、部位、报验内容，并附一份报验内容的测量成果表，以便能及时验证各轴线的正确程度状况。

基础验线时，$L<30$m，允许偏差±5mm。

3. ±0.00 以下结构施工中的标高控制。

（1）高程控制点的联测。在向基坑内引测标高时，首先联测高程控制网点，以判断场区内水准点是否被碰动，经联测确认无误后，方可向基坑内引测所需的标高。

（2）±0.00 以下标高的施测。为保证竖向控制的精度要求，对每层所需的标高基准点，必须正确测设，在同一平面层上所引测的高程点，不得少于三个。并作相互校核，校核后三点的较差不得超过 3mm，取平均值作为该平面施工中标高的基准点，基准点应标在护坡的立面位置，首先用水泥砂浆抹成一个竖平面，在该竖平面上测设施工用基准标高点，并用红色三角作标志，同时标明绝对高程和相对标高，便于施工中使用。

（3）为保证竖向控制，施工中加设标高临时控制点即水平桩（又称腰桩），腰桩的距离一般从角点开始每隔 3～5m 测设一个，比基坑底设计标高高出 0.3～0.5m，并相互校核，水准仪较差控制在±3mm 即为满足要求。

（4）待模板支好检查无误后，用水准仪在模板内壁定出基础面设计标高线。拆模后，抄测结构 1m 线，在此基础上，用钢尺作为向上传递标高的工具。

（5）基坑标高传递示意如图 4.4 所示。

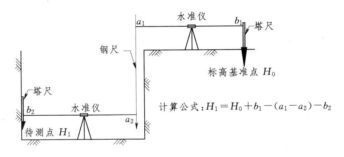

计算公式：$H_1=H_0+b_1-(a_1-a_2)-b_2$

图 4.4　基坑标高传递示意

第 8 章　工程±0.00 以上施工测量

1. 平面控制测量。

对于本工程中多层建筑物±0.00 以上的轴线传递，根据现场实际情况，不采用经纬仪方向交会法，而采用线坠垂吊法，在建筑物首层内测设轴线控制点。

（1）首层放线验收后，应将控制轴线引测至建筑物内。根据施工前布设的控制网基准点及施工过程中流水段的划分，在各建筑物内做内控点（每一流水段至少 2～3 个内控基准点），设在首层相应轴线的位置。基准点周围严禁堆放杂物。

（2）竖向投测前，应对首层基准点控制网进行校测，校测精度不宜低于建筑物平面控制网的精度，以确保轴线竖向传递精度。

（3）内控点传递：本工程采用吊线坠进行竖向轴线传递。使用 5kg 的线坠和 1mm 的细钢丝，把线坠挂在金属架上。金属架上的挂线要便于量尺。投测时，一人在底层控制点处扶稳线坠，上下同时用盒尺读数，上层人员在混凝土面上进行标记，然后依次投测所需其他控制点。

（4）轴线竖向投测的允许误差见表4.6。

表4.6 轴线竖向投测的允许误差

高度（m）	允许误差（mm）
每层	3
$H \leqslant 30m$	5
$30m < H \leqslant 60m$	10

（5）施工层放线时，应先在结构平面上校核投测轴线，检查相邻点间夹角是否为90°，然后用检定过的50m钢尺校测每相邻两点间水平距离，检查控制点是否投测正确。闭合后再测设细部轴线，依据控制点与轴线的尺寸关系放样出轴线。轴线测放完毕并自检合格后，以轴线为依据，依图纸设计尺寸放样出柱边线、洞口边线等细部线。测量放线允许偏差见表4.7。

表4.7 测量放线允许偏差

项　　目		允许偏差（mm）
外廊主轴线长度 L（m）	$L \leqslant 30$	±5
	$30 < L \leqslant 60$	±10
	$60 < L \leqslant 90$	±15
细部轴线		±2
承重墙、梁、柱边线		±3
非承重墙边线		±3
门窗洞口线		±3

（6）当每一层楼层平面线放完以后要将大角线及门窗口控制线放齐，以备检查大角、门窗口及作为后面工序的施工依据。

（7）当每一层平面或每一施工段测量放线完后，必须进行自检，自检合格后及时填写楼层放样记录表并报监理验线，以便能及时验证各轴线的正确。

图4.5 中心线及标高的测设

2. 支立模板时的测量。

中心线及标高的测设：拆模后，根据轴线控制点将中心线测设在靠近墙体的混凝土面上，并在露出的钢筋上测设标高点，供支立墙体模板时定位及定标高使用，如图4.5所示。

3. 高程的传递。

首层标高基准点需要进行联测。由于地下部分在结构上承受荷载后，会有沉降的因素，为保证地上部分的标高及楼层的净高要求，首层标高的+1.000m线由现场引测的水准点在楼体上分别抄测标高控制点，作为地上部分高程传递的依据，避免两楼结构的不均匀沉降造成对标高的影响。

在第一层的墙体和平台浇筑好后，从墙体下面的已有标高点（通常是 1m 线）向上用钢尺沿墙身量距。

（1）标高的竖向传递应用钢尺从首层起始高程点竖直量取，当传递高度超过钢尺长度时，应另设一道标高起始线，钢尺需加拉力、尺长、温度三差改正。

（2）每栋建筑物应由三处（选择三个内控点）分别向上传递，标高的允许误差见表 4.8。

表 4.8　　标高允许误差

高度（m）	允许误差（mm）
每层	±3
$H \leqslant 30m$	±5
$30m < H \leqslant 60m$	±10

图 4.6　基准标高线标识示例

（3）施工层抄平之前，应先校测首层传递上来的三个标高点，当较差小于 3mm 时，以其平均点引测水平线。抄平时，应尽量将水准仪安置在测点范围的中心位置，并进行一次精密定平，水平线标高的允许误差为 ±3mm。

（4）基准标高线标识示例如图 4.6 所示。

第 9 章　质 量 保 证 措 施

测量工作是项目管理的一项重要工作，测量工作准确与否，直接影响工程的使用功能及能否顺利交验，同时也是项目创优工作的必要保证。

1. 项目测量管理运行程序。

该工程的项目测量管理运行程序如图 4.7 所示。

2. 质量过程控制。

（1）总则。

1）测量工作遵循"先整体、后局部、先控制后碎部、高精度控制低精度"的原则。

2）测量外业施测和内业计算要做到步步校核。

3）所有归档的资料和需交付顾客的测绘产品必须经过作业人员的自检、测量工长检验和项目技术负责人检验。

（2）过程控制。

1）生产准备阶段的控制。

a. 根据测绘生产任务，由主任工程师组织编制测量方案。

b. 由工程主持人或测放部责任工程师对作业所依据的原始资料，测绘成果进行校测、核算，并记录校核结果。

c. 工程主持人或测放部部长依据测量方案向设备管理部提出仪器需用计划。

d. 设备管理部按计划做好测量仪器及测量辅助工具的校准工作。所有仪器、设备都有有效的鉴定证书，仪器在日常使用过程中，定期对其进行检查、保养，并做好记录。

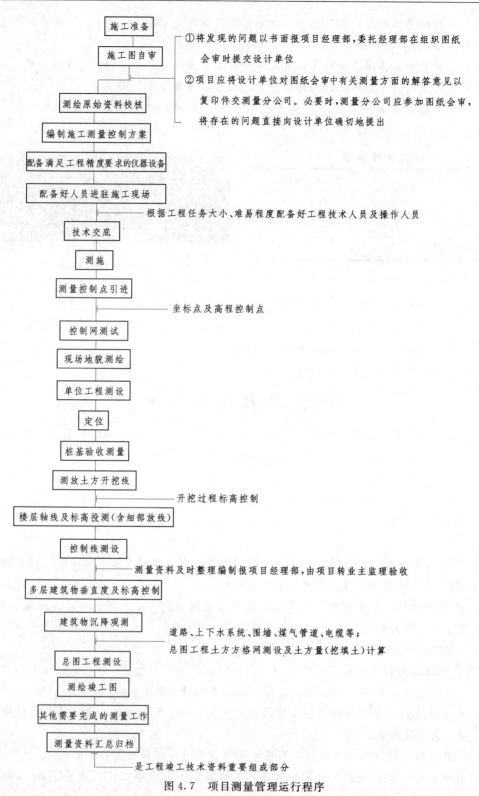

① 将发现的问题以书面报项目经理部，委托经理部在组织图纸
　会审时提交设计单位

② 项目应将设计单位对图纸会审中有关测量方面的解答意见以
　复印件交测量分公司。必要时，测量分公司应参加图纸会审，
　将存在的问题直接向设计单位确切地提出

根据工程任务大小、难易程度配备好工程技术人员及操作人员

坐标点及高程控制点

开挖过程标高控制

测量资料及时整理编制报项目经理部，由项目转业主监理验收

道路、上下水系统、围墙、煤气管道、电缆等；
总图工程土方方格网测设及土方量（挖填土）计算

是工程竣工技术资料重要组成部分

图 4.7　项目测量管理运行程序

68

e. 测绘管理部要依据测量方案要求，选择能够胜任工作的技术人员、操作人员。

f. 工程主持人要在作业前向作业人员作好技术交底，使每位作业人员都明确职责和技术要求。

2）生产阶段的控制。

a. 工程主持人或测放部长要按进度和方案要求，安排工作，并作好测绘日志。

b. 作业过程中应根据《测量仪器使用管理办法》的规定进行检校维护、保养并作好记录，发现问题后立即将仪器送检。

c. 作业过程中，要严格按作业规范和技术要求进行。

d. 作业过程中严格执行"三检制"。

（a）自检。作业人员要按作业要求进行操作，每道过程完成立即进行自检，自检时必须换人，以不同的方法检查，自检中发现不合格项应立即改正，直到全部合格，并填写自检记录（签字）。检查合格后方可交给专检部门验线。

（b）互检。由工程主持人或测量责任工程师组织进行质量检查活动，发现不合格项立即改正至合格。

（c）交接检。由工程主持人或测量责任工程师组织。上一道工序合格后交给下一道工序，交接双方记录上签字，并注明日期。

3）特殊过程控制。凡被列为特殊过程的，在实施中均作为质量管理点，加强管理，按技术方案要求，进行连续监控并记录。

a. 增加自检频率。

b. 实行跟踪检查制度。由专业责任工程师跟踪检查，做好记录。

c. 实行超标准控制。

4）质量检验程序。该工程的质量检验程序如图 4.8 所示。

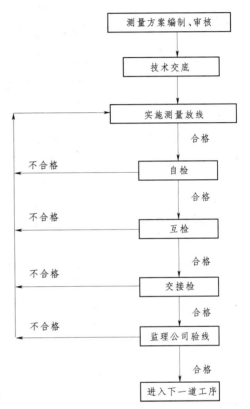

图 4.8　质量检验程序

第 10 章　安　全　管　理

1. 坚决贯彻"安全第一，预防为主"的方针，落实安全生产责任制，调动作业人员的积极性，不断提高作业人员的安全素质和安全意识。

2. 安全生产管理标准。

（1）作业人员进入施工现场，必须遵守工地的各项安全管理规定。进入现场必须佩戴安全帽，系好帽带，不得穿拖鞋、短裤进入施工现场测量作业。

（2）在公路上进行导线及各种测量作业时，严禁打闹。加强作业组纪律，设专人负责交通安全，严防仪器、钢尺等被车碾压、碰撞。

（3）严禁酒后作业。

（4）高空作业传递设备禁止投掷，特别是仪器必须有 100％的安全系数方可上下传递。

（5）作业中，仪器有专人负责。无论何时何地，人不得离开仪器。仪器携带者坐车时不得将仪器放在车厢上，应抱在身上或放在座位上。

（6）每周组织作业人员召开安全会进行学习，加强安全意识。

（7）作业前须对作业人员进行安全交底。

第 11 章 安 全 文 明 施 工

1. 测量人员进入施工现场时首先进行安全交底，并接受项目部的安全教育活动和培训，正确佩带安全帽等劳动保护用品。

2. 施工现场不得穿裙子、拖鞋、短裤等宽松衣物；在危险区域作业时应佩戴好安全带，并挂在安全可靠处。

3. 新到的测工在施工现场必须遵守安全生产管理规章制度。

4. 测量人员发现安全隐患必须及时报告测量工长，测量工长做好记录，并报告现场管理部门及时处理。

5. 办公场所作好防火、防盗等保卫工作，避免仪器设备丢失，影响工作正常开展。

6. 施工作业之前要求测量工长对作业人员进行安全讲话，每周向本工程测量人员进行书面安全交底，保证作业过程中的安全。

7. 交叉作业时，要有可靠的防护措施，不得伤害他人，避免被他人伤害。

8. 进入施工现场要要求配合项目部做好各项文明施工等工作。

第 12 章 测量技术资料编制、管理

本工程的测量技术资料编制、管理依据《建筑工程资料管理规程》（DBJ01—51—2003）进行，提供的测量资料包括：

（1）工程定位测量记录（C3—1）。

（2）基槽验线记录（C3—2）。

（3）楼层平面放线记录（C3—3）。

（4）楼层标高抄测记录（C3—4）。

（5）建筑物垂直度、标高观测记录（C3—5）。

（6）施工测量放线报验表（B2—2）A2 监。

案例 2 ××期工程施工测量方案

1 编制依据

1.1 工程测量规范

1.2 ××开发有限公司提供的工程测量平面控制点

1.3 工程施工图纸

1.4 ××期工程施工组织设计

2 工程概况

××期工程由××房地产开发有限公司开发兴建，××国际工程设计有限公司设计，××建设监理公司监理，××有限公司总承建的高层及小高层住宅区。

××期工程位于××××，总共8栋，分别为柱下独立基础，墙下条形基础，局部采用梁下翻式筏板基础，总建筑面积××m²。其中：地下室约6000m²；地下室层数：1层，其中××号楼、……16号楼为32层的高层建筑，……、18号楼为16层小高层建筑。结构形式：短肢剪力墙结构（详见建筑施工图）。

3 施工准备

3.1 场地准备

本工程施工时，现场地势基本平坦，定位测量施工前先进行场地平整、清除障碍物后才可进行施工定位放线工作。

3.2 测量仪器准备

根据本工程的规模、质量要求、施工进度确定所用的测量仪器（表4.9），所有测量器具必须经专业法定检测部门检验合格后方可使用。使用时应严格遵照工程测量规范要求操作、保管及维护，并设立测量设备台账。

表4.9　　　　　　　　　　　　测量仪器配备一览表

序号	测量仪器名称	型号规格	单位	数量	备注
1	全站仪	TS—802	台	1	
2	电子经纬仪	FDT2GC	台	1	
3	激光铅垂仪	DZJ2	台	1	
4	自动安平水准仪	ATO—32	台	2	仪器送检证书附后
5	钢卷尺	50m	把	4	
		7.5m	把	4	
		5m	把	20	
6	塔尺	5m	把	2	

3.3 技术准备

3.3.1 施测组织

(1) 本项目部由专业测量人员成立测量小组，根据甲方提供的工程测量平面控制点成果数据表坐标点和高程控制点进行施测，并按规定程序检查验收，对施测组全体人员进行详细的图纸交底及方案交底，明确分工，所有施测的工作进度逐日安排，由组长根据项目的总体进度计划进行安排。

(2) 测量人员及组成。测量负责人1名；测量技术员2名；测量员5名。

3.3.2 技术要求

(1) 测量负责人必须持证上岗，测量人员要固定，不能随便更换，如有特殊需要必须由现场技术负责人同意后负责调换，以保证工程正常施工。

(2) 测量人员必须熟悉图纸，了解设计意图，学习测量规范，充分掌握轴线、尺寸、标高和现场条件，对各设计图纸的有关尺寸及测设数据应仔细校对，必要时将图纸上主要尺寸摘抄于施测记录本上，以便随时查找使用。

（3）测量人员测量前必须到现场踏勘，全面了解现场情况，复核测量控制点及水准点，保证测设工作的正常进行，提前编制施工测量方案。

（4）测量人员必须按照施工进度计划要求，施测方案，测设方法，测设数据计算和绘制测设草图，以此来保证工程各部位按图施工。

3.3.3 施测原则

（1）认真学习执行国家法令、政策与法规。明确一切为工程服务、按图施工、质量第一、安全第一的宗旨。

（2）遵守先整体后局部的工作程序，先确定平面坐标控制网，后以坐标控制网为依据，进行各细部轴线的定位放线。

（3）必须严格审核测量原始依据的正确性，坚持现场测量放线与内业测量计算工作步步校核的工作方法。

（4）测法要科学、简捷，仪器选用要恰当，使用要精心，在满足工程需要的前提下，力争做到省工、省时、省费用。

（5）定位工作必须执行自检、互检合格后再报检的工作制度。

（6）紧密配合施工，发扬团结协作、实事求是、认真负责的工作作风。

4 主要施工测量方法

4.1 坐标及高程引入

4.1.1 坐标点、水准点引测依据

根据甲方提供的工程测量平面控制点成果表，得平面坐标控制点和水准控制点见表4.10和表4.11。

表 4.10　工程测量坐标控制点数据

点号	纵坐标 X	横坐标 Y
GP_{21-1}	791967.168	−8249.225
GP_{21}	791907.575	−8334.545
GP_{22}	791522.874	−8462.852

表 4.11　工程测量高程控制点数据

点号	高程（m）
$GP21$	155.354
$GP22$	154.902

4.1.2 场区平面控制网布设原则

平面控制应先从整体考虑，遵循先整体、后局部，高精度控制低精度的原则，布设平面坐标高程控制网。首先根据设计总平面图，现场施工平面布置图，选点应选在通视条件良好、安全、易保护的地方，本工程各楼座坐标高程控制点牢固布设在楼座周边与混凝土护坡坡顶上，并用红油漆作好测量标记。为防止控制点位移变化，需间隔三天复查校核一次。

4.1.3 引测坐标点、水准点，建立局域控制测量网

（1）坐标点。从现场场地的实际情况来看，现场可用场地较狭小。所以布设的控制点要求通视，便于保护，施工方便。根据设计图纸、施工组织设计，本工程直接采用轴线交点极坐标放样法控制。故要求现场引测坐标点必须精确无误。确定现场引测坐标控制点

为：Z_1、Z_2、Z_3、Z_4，其坐标值见表4.12。

第一步，施测时，首先，采用全站仪置于GP_{21}点，对中整平，后视照准GP_{22}点，前视GP_{21-1}点，校核甲方提供的这三点相对距离、夹角是否符合。

第二步，采用极坐标的施测方法，测设施工现场坐标控制点：Z_1、Z_2、Z_3、Z_4。

表 4.12　　　　　　　　　　　施工现场引测控制点坐标一览表

点　号	纵坐标 X	横坐标 Y
Z_1	791779.147	-8329.514
Z_2	791743.017	-8193.622
Z_3	791584.030	-8222.206
Z_4	791629.482	-8376.102

第三步，用全站仪分别置于各引测控制点$Z_1 \sim Z_4$，分别回测复查GP_{21}与GP_{22}点，然后分别计算校核各点间夹角，距离。以形成闭合坐标导线网。以得到最终精确可靠的坐标数据。

为此，建立了本工程施工现场测量控制点坐标导线网，如图4.9所示。

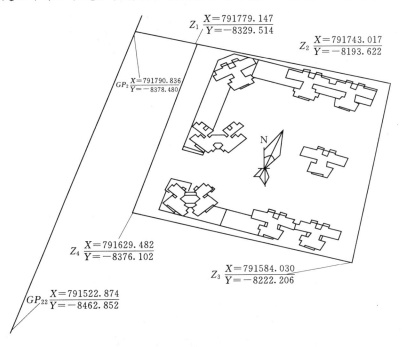

图 4.9　施工现场测量控制点坐标导线网

（2）水准点。高程控制点根据甲方提供的GP_{21}与GP_{22}两个高程控制点，采用环线闭合的方法，向建筑物四周引测固定高程控制点，施工现场引测控制点高程值见表4.13。

表 4.13　　　　　　　　　　　施工现场引测控制点高程一览表

BM_1	BM_2	BM_3	BM_4
156.010	154.700	154.832	156.100

根据引测结果，确定高程点布置位置并绘制水准点控制图如图 4.10 所示。

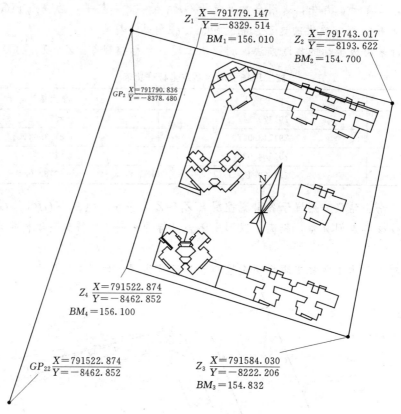

$$Z_1 \quad \frac{X=791779.147}{Y=-8329.514}$$
$$BM_1=156.010$$

$$Z_2 \quad \frac{X=791743.017}{Y=-8193.622}$$
$$BM_2=154.700$$

$$GP_2 \quad \frac{X=791790.836}{Y=-8378.480}$$

$$Z_4 \quad \frac{X=791522.874}{Y=-8462.852}$$
$$BM_4=156.100$$

$$GP_{22} \quad \frac{X=791522.874}{Y=-8462.852}$$

$$Z_3 \quad \frac{X=791584.030}{Y=-8222.206}$$
$$BM_3=154.832$$

图 4.10　水准点控制图

4.2　测量控制方法

4.2.1　轴线控制方法

基础部位主要采用轴线交点极坐标放样法，主体结构主要为内控天顶法。

4.2.2　高程传递方法

基础部位主要采用 DS_2 水准仪加测微器用仪高法引测高程点，主体结构为钢尺垂直传递法引测高程点。

4.2.3　轴线及高程点放样程序

（1）基础工程。其轴线及高程点放样程序如图 4.11 所示。

（2）地下结构工程。其轴线及高程点放样程序如图 4.12 所示。

（3）地上结构施工。其轴线及高程点放样程序如图 4.13 所示。

4.3　基础测量放线

4.3.1　轴线投测

（1）土方开挖。由于本工程基础为柱下独立基础，墙下条形基础，局部采用梁下翻式筏板基础。开挖前根据控制桩放出基础承台上口线，以此控制开挖尺寸和边坡坡度。用水准仪控制基础承台深度。

（2）基础承台浇筑后，根据总图提供的坐标数据和基础图上轴线尺寸精确计算出各轴

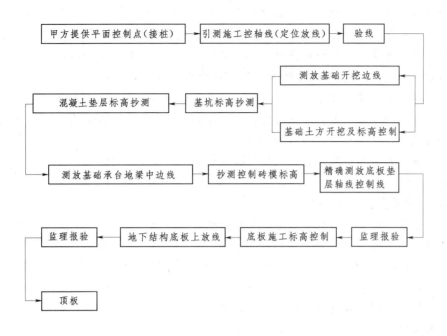

图 4.11 基础工程轴线及高程点放样程序

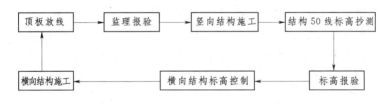

图 4.12 地下结构工程轴线及高程点放样程序

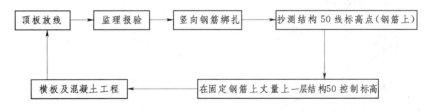

图 4.13 地上结构施工轴线及高程点放样程序

线交点坐标数据，检查无误后，再根据现场坐标控制导线网将各轴线交点坐标投测到垫层面上，并进行校核，再用经纬仪测出各轴线交点的十字垂线，在垫层上用墨线弹出，并准确无误地放出基础承台地梁、中线、边线，弹上墨线，作为砖砌立模的依据。

（3）基础底板、顶板施工轴线控制。为防止轴线上的墙、柱钢筋影响轴线交点坐标的测设，采取轴线偏离方法（偏离宽度根据现场而定）测设轴线控制线。再按轴线控制线引放其他细部线，且每次轴线控制线的放样必须独立施测两次，经校核无误后方可使用。

4.3.2 标高控制

（1）高程控制点的联测。在向基坑内引测标高时，首先联测高程控制网点，以判断场区内水准点是否被碰动，经联测确认无误后，方可向基坑内引测所需的标高。

（2）标高的施测。为保证竖向控制的精度要求，对现场所需的标高基准点，必须正确测设，在同一平面层上所引测的高程点，不得少于三个。并作相互校核，校核后三点的偏差不得超过 3mm，取平均值作为该平面施工中标高的基准点。用红色三角作标志，并标明绝对高程和相对标高，便于施工中使用。

（3）为了控制基础承台的开挖深度，当快挖到槽底设计标高时，用水准仪在槽底测设一些水平控制线，使上表面离槽底的标高为一固定值。

（4）根据标高引测控制点，分别控制底板垫层标高和底板面标高。

4.4 主体结构测量放线

4.4.1 楼层主控轴线传递控制

（1）在首层平面复测校核楼层施工主控轴线，并按照施工流水段划分要求，细分二级控制点。在首层平面施工时留置二级控制线交叉内控点，预埋钢板（150mm×150mm×8mm），在内控线的钢板交点上用手提电钻打 ϕ1mm 小坑并点上红漆作为向上传递轴线的内控点。以后所有上层结构板均在同一位置预留 150mm×150mm 的洞口，作为依次向上传递轴线的窗口，照准点投测到作业层后，校核距离，用钢尺丈量，校核垂直度，检查一排三个点是否在同一条直线上，其精度误差不超过 2mm。

（2）激光控制线投测方法（图 4.14）。在首层控制点上架设激光经纬仪或激光铅垂仪，调置仪器对中整平后启动电源，使激光经纬仪或激光铅垂仪发射出可见的红色光束，投射到上层预留孔的接收靶上，查看红色光斑点离靶心最小点，将仪器旋转 4 个 90°画圆，将四点连成十字，其中 0 点即为圆心，此点即作为第二层上的一个控制点，其余控制点可

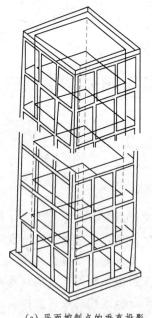

(a) 平面控制点的垂直投影

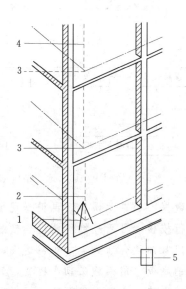

(b) 用垂准仪进行平面控制点垂直投影

图 4.14　激光控制线投测方法

1—底层平面控制点；2—垂准仪；3—垂准孔；4—铅垂线；5—垂准孔边弹墨线标记

用同样的方法向上传递，弹出控制线。

(3) 根据内控主轴线进行楼内细部放样。

4.4.2 楼层标高传递控制

(1) 高程控制网的布置。本工程高程控制网采用水准法建立，现场共设置四个水准点。控制覆盖整个施工现场，分别牢固地设在现场周围的围墙和永久的建筑物上。

(2) 标高传递。主体上部结构施工时采用钢尺垂直高度传递高程。首层施工完后，应在结构的外墙面抄测＋50cm水平线，在该水平线上方便于向上挂尺的地方，沿建筑物的四周均匀布置四个点，用红色三角作标志，并标明绝对高程和相对标高，作为向上传递基准点，这四点必须上下通视，结构无突出点为宜。以这几个基准点向上拉尺到施工面上以确定各楼层施工标高。在施工面上首先应闭合检查四点标高的误差，当相对标高差小于3mm时，取其平均值作为该层标高的后视读数，并抄测该层＋50cm水平标高线。

(3) 由于钢尺长度有限，当测量高度超过一整尺段 (50.000m) 时，应在该尺段尾处的楼层精确测定第二条起始标高线，用墨斗弹在相应部位，误差控制在2mm以内。作为向上引测的依据。具体测设方法是：将水准仪安置于施工层，校测由下传上来的至少三条水平线，无误后并将水平线用墨斗弹在相应部位，并用红色三角作标志，并标明绝对高程和相对标高，误差控制在2mm以内。

(4) 每层标高允许误差3mm，全高标高允许误差10mm，施工时严格按照规范要求控制，尽量减少误差。

4.4.3 主体结构外墙四大角控制

(1) 为保证四大角垂直方正，外墙大角以立面控制线与平面轴线相结合为准。

(2) 具体测设方法是：顶板主轴线测设校核完后，将四大角主轴线引测到外墙立面上，弹上墨线做好明显标示，作为立面控制线向上引测的基线。根据现场情况，如果建筑物周边场地宽阔，用经纬仪正倒镜取中向上引测。如果现场不能满足用经纬仪向上引测的条件，一般采用线锤向上引测，且每次都在首层基线处向上引测。同时应特别注意：①线坠的几何形体要规范；②重量不小于3kg；③悬吊时上端务必固定牢固，线中间无障碍；线下端投线人的视线要垂直于墙柱面，当线左线右小于1~2mm时再取平均位置作为投测的结果；④投测中要防风吹和振动，尤其是风吹，可将线锤置于水桶内；⑤线绳必须牢固。

(3) 每层四大角外墙立面模板拆除后需马上引测校核好立面大角控制线，并做好明显标示，为下部施工作准备。

4.5 测量注意事项

(1) 仪器限差符合同级别仪器限差要求。

(2) 钢尺量距时，对悬空和倾斜测量应在满足限差要求的情况下考虑垂曲和倾斜改正。

(3) 标高抄测时，采取独立施测二次法，其限差为±3mm，所有抄测应以水准点为后视。

(4) 垂直度观测，若采取吊线锤时应在无风的情况下，如有风而不得不采取吊线锤时，可将线锤置于水桶内。一般尽量使用经纬仪或激光垂准仪观测。

4.6 细部放样的要求

（1）用于细部测量的坐标控制点或高程控制点必须经过检验。

（2）细部测量坚持由整体到局部的原则。

（3）方向控制尽量使用距离较长的点。

（4）所有结构控制线必须清楚明确。

5 质量标准

工程测量应以中误差作为衡量测绘精度的标准，二倍误差作为极限误差。为保证误差在允许限差内，各种控制测量必须按《工程测量规范》（GB 50026—2007）执行，操作按规范进行，各项限差必须达到下列要求：

（1）建筑物控制网允许误差：1/20000（边长相对中误差），±15″。

（2）竖向轴线允许偏差：每层 3mm；全高 10mm。

（3）标高竖向传递允许偏差：每层±3mm，全高±10mm。

6 沉降观测与变形观测

为了准确地反映建筑物的变形情况，本工程采用精密水准仪 DSZ2＋FS1 测微器，7m 定制塔尺，以及精确的测量方法。

6.1 建筑物自身的沉降观测

以建筑物位移沉降区域外甲方提供的水准点基点为准。要求"三定"，即定人、定点、定仪器。

（1）应设计要求，本建筑物做沉降观测，要求在整个施工期间至沉降基本稳定停止进行观测。

（2）本建筑物施工时沉降观测按二等水准测量进行，观测精度见表 4.14。

表 4.14   沉降观测精度参考表

等级	标高中误差（mm）	相邻高差中误差（mm）	观测方法	往返校差附和或环线闭合差（mm）
二等	±0.5	±0.3	二等水准测量	$0.6\sqrt{n}$（n 为测站数）

（3）沉降观测点设置。根据设计要求布设沉降观测点，用于沉降观测的水准点必须设在便于保护的地方。

（4）当施工到±0.0000 时按平面布置位置埋设永久性观测点，每施工一层复测一次，直至竣工。

（5）工程竣工后，第一年测四次，第二年测两次，第三年后每年测一次，直至沉降稳定为止，一般为五年一次。

（6）观测资料及时整理，并与施工技术人员一同进行分析成果。

6.2 基坑护坡的位移观测

（1）在基坑护坡顶梁上布设变形点（变形点间隔 10m 左右）。并在护坡基坑位移变形范围外牢固设置平面控制坐标点（置仪点），用全站仪坐标法，以各变形点的坐标变化为依据进行观测，判断其变形位移量。

（2）基坑外观测用点必须设置永久性固定位置。

（3）变形点观测频率为每三天一次，雨后加测一次，直至地下工程完工为止。

（4）做好变形观测数据资料的整理。

7 测量复核和资料的整理

7.1 工程定位、测量工作完成后，由监理单位和甲方参加验线，验线方法和验线仪器与放线时程序相同，以确保验线工作的检查独立性。

7.2 楼层验线由现场质量员及专职验线员复验各楼层的放线结果合格后，报监理工程师抽查复验。

7.3 外业记录采用统一格式，装订成册，回到内业及时整理并填写有关表格，并由不同人员将原始记录及有关表格进行复核，对于特殊测量要有技术总结和相关说明。

7.4 有高差作业和重大项目的要报请相关部门或上级单位复核认可。

7.5 对各层放样轴线间距离等采用钢尺复核，达到准确无误。

7.6 所有测量资料统一编号，分类装订成册。

8 施工管理措施

8.1 保证质量措施

（1）为保证测量工作的精度，应绘制放样简图，以便现场放样。

（2）对仪器及其他用具定时进行检验，以避免仪器误差造成的施工放样误差。测量工作是一个极为繁忙的工作，任务大、精度高，因此必须按《工程测量规范》（GB 50026—2007）的要求，对测量仪器、量具按规定周期进行检定，在周期内的经纬仪与水准仪还应每1~2个月进行定期校验。此外，还应做好测量辅助工具的配备与校验工作。

（3）每次测角都应精确对中，误差±0.5mm，并采用正倒镜取中数。

（4）高程传递水准仪应尽量架设在两点的中间，消除视准轴不平行于水准轴的误差。

（5）使用仪器时在阳光下观测应用雨伞遮盖，防止气泡偏离造成误差，雨天施测要有防雨措施。

（6）每个测角、丈量、测水准点都应施测两遍以上，以便校准。

（7）每次均应作为原始记录登记，以便能及时查找。

8.2 安全文明施工及环境保护措施

（1）各施测人员进入工地必须戴好安全帽，遵守公司及项目制定的各种安全规章制度。

（2）在外脚手架上吊线等高空作业时，须系好安全带，下面设一人看护线坠，以防伤人。

（3）严禁酒后及穿拖鞋上班。

（4）严禁用油漆、墨汁乱写乱涂。用剩的油漆及时回归库房，并封闭保管。

（5）正确规范的使用仪器，严禁仪器箱上坐人等不规范行为。

（6）仪器和工具使用完毕后，应及时擦拭干净，放置通风干燥处妥善保管。

（7）轴线投测到边轴时，应提醒人员注意，防止高空坠落，保证人员及仪器安全。

（8）每次架设仪器，螺旋松紧适度，防止仪器脱落下滑。

（9）较长距离搬运，应将仪器装箱后再进行重新架设。

（10）轴线引测预留洞口150m×150mm预留后，除引测时均要用木板盖严密，以防落物打击伤人或踩空，并设安全警示牌。

（11）向上引测时，要对工地工人进行宣传，不要从洞口向上张望，以防落物打中。

（12）外控立面引测投点时要注意临边防护、脚手架支撑是否安全可靠。

（13）遵守现场安全施工规程。

9　仪器保养和使用制度

9.1 仪器实行专人负责制，建立仪器管理台账，由专人保管、填写。

9.2 所有仪器必须每年鉴定一次，并经常进行自检。

9.3 仪器必须置于专业仪器柜内，仪器柜必须干燥、无尘土。

9.4 仪器使用完毕后，必须进行擦拭，并填写使用情况表格。

9.5 仪器在运输过程中，必须手提、抱等，禁止置于有振动的车上。

9.6 仪器现场使用时，使仪人员不得离开仪器。使用过程中防爆晒、防雨淋，正确使用仪器，严格按照仪器的操作规程使用。

9.7 水准尺不得躺放，三角架水准尺不得做其他工具使用。

10　仪器送检证书（附后，略）

项目 2　砌体结构建筑基线测设

1. 实训目的

（1）掌握根据建筑红线测设建筑基线的测设方法和测设步骤。

（2）掌握根据附近已有控制点测设建筑基线的测设方法和测设步骤。

2. 任务与要求

（1）根据建筑红线测设建筑基线。如图 4.15 所示的 12、23 为正交的直线，是城市规划部门标定的"建筑红线"。一般情况下，建筑基线与建筑红线平行或垂直，要求用直角坐标法测设建筑基线 OA、OB。

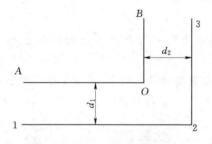

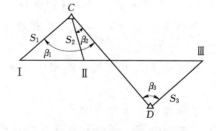

图 4.15　直角坐标法测设建筑基线　　　图 4.16　极坐标法测设建筑基线

（2）根据附近已有控制点测设建筑基线。如图 4.16 所示，C、D 为附近的已有控制点，Ⅰ、Ⅱ、Ⅲ为选定的建筑基线点，依据建筑基线点的设计坐标和附近已有控制点的关系，要求用极坐标法测设建筑基线。

3. 实训方式及学时分配

（1）分小组进行，4～5 人一组，小组成员团结协作，互相配合，轮流操作各环节。

（2）学时数为 4 学时，可安排课内或部分业余时间完成。

4．仪器、工具及附件

（1）每组借领：经纬仪 1 台，三脚架 1 副，花杆 2 根、钢卷尺 1 把，斧头 1 把，木桩 4～5 根，小钉。

（2）自备：记录板 1 块，铅笔 1 支，计算器 1 个，测伞 1 把。

5．实训步骤简述

（1）根据建筑红线用直角坐标法测设建筑基线。

1）计算测设数据 d_1、d_2。

2）根据建筑红线用平行推移法测设建筑基线 OA、OB。并把 A、O、B 三点在地面上用木桩标定。

3）安置经纬仪于 O 点，观测 $\angle AOB$ 是否等于 $90°$，其误差不应超过 $\pm20''$。量 OA、OB 距离是否等于设计长度，其误差不应大于 $1/10000$。若误差超限，应检查推平行线时的测设数据。若误差在许可范围之内，则适当调整 A、B 点的位置。

（2）根据附近已有控制点用极坐标法测设建筑基线。

1）计算测设数据。根据已知控制点和待定点的坐标关系反算出测设数据 β_1、S_1、β_2、S_2、β_3、S_3。

2）放样。用经纬仪和钢尺按极坐标法（也可用其他方法）测设 I、II、III 点。

3）检核与调整。由于存在测量误差，测设的基线点往往不在同一直线上，如图 4.17 中的 I′、II′、III′点，故还须在 II′点安置经纬仪，精确地检测出 $\angle I′II′III′$。若此角值与 $180°$ 之差超过 $\pm15''$，则应对点位进行调整。调整时，应将 I′、II′、III′点沿与基线垂直的方向各移动相同的调整值 δ。其值按下式计算

$$\delta = \frac{ab}{a+b}\left(90° - \frac{\angle I′II′III′}{2}\right)'' \frac{1}{\rho''} \tag{4.1}$$

式中：δ 为各点的调整值；a、b 分别为 I、II 点和 II、III 点之间的长度。

除了调整角度之外，还应调整 I、II、III 点之间的距离。先用钢尺检查 I、II 点及 II、III 点间的距离，若丈量长度与设计长度之差的相对误差大于 $1/20000$，则以 II 点为准，按设计长度调整 I、III 两点。

以上两次调整应反复进行，直至误差在允许范围之内为止。

6．实训中注意事项

（1）应在实训前认真分析任务要求，确定测设方案，计算好测设数据，提高实训效率。

（2）应认真进行检核和调整，使测设结果符合精度要求。

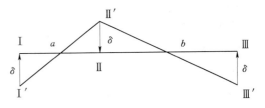

图 4.17　建筑基线调整

7．提交成果

（1）学生课前自主学习小结（每小组 1 份，课前展示）。

（2）实训结束时小组提交计算的测设数据、测设记录及标定的测设桩位。

（3）课后每人交实训报告 1 份。

 相关支撑知识

知识点 1：建筑基线的测设。

根据建筑场地的不同情况，测设建筑基线的方法主要有以下两种。

（1）用建筑红线测设。在城市建设中，建筑用地的界址是由规划部门确定的，并由拨地单位在现场直接标定出用地边界点，边界点的连线通常是正交的直线，称为建筑红线。建筑红线与拟建的主要建筑物或建筑群中多数建筑物的主轴线平行。因此，可根据建筑红线用平行线推移法测设建筑基线。

（2）用附近的控制点测设。在非建筑区，没有建筑红线作依据时，就需要在建筑设计总平面图上，根据建筑物的设计坐标和附近已有的测图控制点来选定建筑基线的位置，并在实地采用极坐标法或角度交会法把基线点在地面上标定出来。

知识点 2：直角坐标法与极坐标法测设点位，具体方法见配套教材。

思 考 题

（1）什么是建筑红线和建筑基线？其作用分别是什么？

（2）如何测设建筑基线？

项目 3 砌体结构建筑定位与放线

1. 实训目的

（1）掌握根据原有建筑物定位的测设方法与测设步骤。

（2）掌握根据建筑基线或建筑方格网定位的测设方法与测设步骤。

（3）掌握建筑物放线的测设的方法与测设步骤。

2. 任务与要求

（1）根据与原有建筑物的关系定位。如图 4.18 所示，拟建建筑物的外墙边线与原有建筑物的外墙边线在同一条直线上，两栋建筑物的间距为 20m，拟建建筑物四周长轴为 30m，短轴为 15m，要求测设拟建筑物四个轴线的交点。

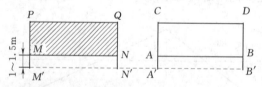

图 4.18　根据与原有建筑物的关系定位

（2）根据建筑基线定位。如图 4.19 所示，AB 为建筑基线，根据它作拟建的建筑物 EFDC 的定位放线。

3. 实训方式及学时分配

（1）分小组进行，4～5 人一组，小组成员团结协作，相互配合，轮流操作各环节。

（2）学时数为 4 学时，可安排课内或部分业余时间完成。

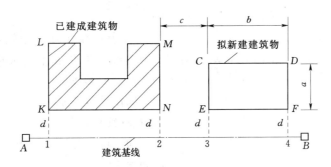

图 4.19　根据建筑基线定位建筑物

4. 仪器、工具及附件

(1) 每组借领：经纬仪 1 台，三脚架 1 副，花杆 2 根，钢卷尺 1 把，斧头 1 把，木桩 4～5 根，小钉。

(2) 自备：记录板 1 块，铅笔 1 支，计算器 1 个，测伞 1 把。

5. 实训步骤简述

(1) 根据与原有建筑物的关系定位。

1) 如图 4.18 所示，沿原有建筑的两侧外墙拉线，用钢尺顺线从墙角往外量一段较短的距离（如 1.5m），在地面上定出 M' 和 N' 两个点，M' 和 N' 的连线为原有建筑物的平行线。

2) 在 M' 点安置经纬仪，照准 N' 点，用钢尺从 N' 点沿视线方向量取 20m，在地面上定出 A' 点，再从 A' 点沿视线方向量取 30m，在地面上定出 B' 点，A' 点和 B' 点的连线为拟建建筑物的平行线，其长度等于长轴尺寸。

3) 在 A' 点安置经纬仪，照准 B' 点，逆时针测设 90°，在视线方向上量取 1.5m，在地面上定出 A 点，再从 A 点沿视线方向量取 15m，在地面上定出 C 点。同理，在 B' 点安置经纬仪，照准 A' 点，顺时针测设 90°，在视线方向上量取 1.5m，在地面上定出 B 点，再从 B 点沿视线方向量取 15m，在地面上定出 D 点。则 A、B、C 点和 D 点即为拟建建筑物的四个定位轴线点。

4) 在 A、B、C 点和 D 点上安置经纬仪，检核四个大角是否为 90°，用钢尺丈量四条轴线的长度，检核长轴是否为 30m，短轴是否为 15m。

(2) 根据建筑基线定位建筑物。

1) 如图 4.19 所示，先从建筑总平面图上，查算得建筑物轴线与建筑基线的距离 d、建筑的总长度 b。总宽度 a 和新旧建筑的间距。用麻线引出旧建筑两山墙的轴线 LK 及 MN，在引出线上测设 $K_1 = d$，$N_2 = d$（注意：K_1、N_2 应为建筑的轴线，若是墙的外边线，应折算为轴线），得 1、2 两点。

2) 用经纬仪置于基线桩 A 点上，检查两点是否在基线 AB 上，否则应复查调整。

3) 在 AB 线上，测设 2、3 两点的距离等于 c，得 3 点；又测设 3、4 两点的距离等于 b，得 4 点。

4) 用直角坐标法侧设 E、F、D、C 四点。

5) 用钢尺检查 $EFDC$ 的总长度和总宽度，与 a、b 是否相符，相对误差不应超过

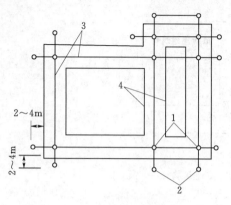

图 4.20　轴线控制桩的测设
1—轴线桩；2—控制桩；3—定位轴线；
4—基槽灰线

1/2000。

6）根据基础施工图，由轴线向两侧放出基槽底宽边界线，用白灰在地面放出，即放灰线，作为开挖基槽的界线。

（3）测设轴线控制桩。

1）在轴线桩测设完毕后，用经纬仪将轴线延长到基槽（坑）开挖边线外 2～4m 处，钉设控制桩，如图 4.20 所示。

2）如附近有固定建筑物，可将轴线延长，投设到该建筑的墙脚或基础顶面上，用红色油漆作标记，代替控制桩。再将标高引测到墙面上，亦用红漆作标记，三角形顶点下部横线即是 ±0.000 标高线。

（4）设置龙门板。

1）按前述方法，将建筑物定位轴线测设到地面后，钉设轴线桩。

2）如图 4.21（a）所示，根据土质及开挖深度，在基槽开挖边线外侧 1.5m 以外钉设龙门板。龙门板应位于建筑物转角和内墙轴线两端。

3）如图 4.21（b）所示，龙门板由龙门桩和龙门板组成。板面高程一般为该建筑室内地坪设计标高 ±0.000，应用水准仪测设。龙门板标高的测定容差为 ±5mm。

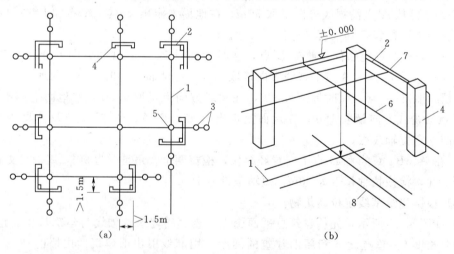

图 4.21　龙门板的设置
1—建筑定位轴线；2—龙门板；3—引桩；4—龙门桩；5—轴线桩；
6—拉线；7—轴线钉；8—基槽灰线

4）用经纬仪将墙、柱的轴线测设到龙门板上，钉一小钉标志，称为“轴线钉”。投点容差为 ±5mm。用钢尺沿龙门板顶面检查轴线钉的间距，其相对误差不应超过 1/2000。

5）用钢尺在钉的两侧，将基槽（坑）上口宽度标定到龙门板上，留一锯口表示。根据基槽（坑）上口宽度，由定位轴线两侧放出基槽（坑）灰线，以便开挖。

6. 实训中注意事项

（1）施测前要认真做好各项准备工作，绘制观测示意图，把各测量数据标在示意图上。

（2）施测过程中的每个环节都应规范操作，精心核对，保证测量精度。各环节测完后及时请有关人员检查验收。

（3）基础施工中最容易将中线、轴线、边线搞混用错。因此，凡轴线与中线不重合或同一点附近有几个控制桩时，应在控制桩上标明轴线编号，分清是轴线还是中线，防止用错。

（4）控制桩要做出明显标记，以便引起人们注意，桩的四周要钉木桩拉铁线加以保护，防止碰撞破坏。如发现桩位有变化，要进行复查后再使用。

7. 记录计算表

建筑物定位测量记录表和施工测量放线报验表分别见表 4.15 和表 4.16。

表 4.15　　　　　　　　　　建筑物定位测量记录表

工程测量记录		编号	
工程名称		委托单位	
图纸编号		施测日期	
平面坐标依据		复测日期	
高程依据		使用仪器	
允许误差		仪器校验日期	

定位抄测示意图

复测结果

签字栏	建设（监理）单位	施工（测量）单位		测量人员岗位证书号	
		专业技术负责人	测量负责人	复测人	施测人

表 4.16 施工测量放线报验表

施工测量放线报验表	编号	
工程名称	日期	

致＿＿＿＿＿＿＿＿＿＿＿＿（监理单位）：

我方已完成(部位)＿＿＿＿＿＿＿＿＿＿＿＿

　　　　　(内容)＿＿＿＿＿＿＿＿＿＿＿＿

的测量放线，经自检合格，请予查验。

　　附件：1. □放线的依据材料＿＿＿＿＿＿＿＿页

　　　　　2. □放线成果表＿＿＿＿＿＿＿＿＿＿页

　　　　　测量员（签字）：　　　　岗位证书号：

　　　　　查验人（签字）：　　　　岗位证书号：

　　　　承包单位名称：　　　　技术负责人（签字）：

查验结果：

查验结论：　　□合格　　□纠错后重报

监理单位名称：　　　　监理工程师（签字）：　　　　日期：

8. 提交成果

（1）学生课前自主学习小结（每小组 1 份，课前展示）。

（2）实训结束时小组提交现场定出的角桩、中心桩和控制桩、测量记录单等。

（3）课后每人交实训报告 1 份。

相关支撑知识

知识点 1：建筑物定位测量的常用方法。

根据设计条件和现场条件不同，建筑物的定位方法也有所不同，常用的定位方法有三种：

（1）如果待定建筑物附近有高级控制点可供利用，且建筑物的定位点设计坐标已知，可根据实际情况选用极坐标法、角度交会法或距离交会等方法来测设定位点。在这三种方法中，极坐标法是常用的一种定位方法。

（2）根据建筑方格网和建筑基线定位。如果建筑场地已经测设建筑方格网或建筑基线，且待定位建筑物的定位点设计坐标已知，可利用直角坐标法测设定位点。

（3）根据与原有建筑物、道路等地物的关系定位。如果设计图上只给出待建建筑物与附近原有建筑物或道路的相互关系，而没有提供建筑物定位点的坐标，周围又没有测量控制点、建筑方格网和建筑基线可供利用，可根据原有建筑物的边线或道路中心线将新建筑物的定位点测设出来。

知识点 2：建筑物的放线，具体见配套教材。

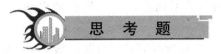

（1）常用的建筑定位测量的方法有哪几种？如何进行？

（2）什么是建筑物的放线？具体有哪些方法和形式？

项目 4　砌体结构基础施工测量

1．实训目的

（1）掌握建筑物基础位置施工测量的方法与测设步骤。

（2）掌握建筑物基础深度施工测量的方法与测设步骤。

2．任务与要求

在一个局部开挖的场地或正在施工的现场，依据工程设计图纸，结合实际情况进行下列内容的实训：①基槽开挖边线放线；②基础的高程控制；③基础的抄平工作；④基础垫层中线的测设；⑤垫层面标高的测设；⑥基础墙标高的控制。

3．实训方式及学时分配

（1）分小组进行，4～5 人一组，小组成员团结协作，相互配合，轮流操作各环节。

（2）学时数为 4 学时，可安排课内或部分业余时间完成。

4．仪器、工具及附件

（1）每组借领：水准仪 1 台，经纬仪 1 台，三脚架 1 副，水准尺 2 根，测钎，木桩，钢卷尺，花杆，墨线，石灰，锤球等。

（2）自备：记录板 1 块，铅笔 1 支，计算器 1 个，测伞 1 把。

5．实训步骤简述

（1）基槽开挖边线放线。

1）确定施工工作面宽。

2）确定放坡宽度和挖方宽度。

（2）基础的高程控制。

1）搞清楚基础特点、±0.000 位置、基底标高及基础垫层的高度。

2）根据 ±0.000 引测距基础底面高程相差 0.5m 的水平桩。方法：选合适位置架仪器；读后视读数；经计算确定前视读数；用竹签或木板确定水平桩高程（或打上标高号）；用 500mm 长的尺子确定基底的开挖深度。

（3）基础的抄平工作。

1）在适当位置架设仪器。

2）在标准的垫层面高程处立一标杆（作为后视）。

3）用仪器在适当处（每隔 3～4m）立一次前视，出现若干前视，前视读数与后视读数一致。

4) 打上竹签或标高符号。

（4）基础垫层中线的测设。根据龙门板上的轴线钉或轴线控制桩，用经纬仪或用拉绳挂锤球的方法，把轴线投测到垫层面上，并用墨线弹出墙中心线和基础边线，应严格校核。

（5）垫层面标高的测设。垫层面标高的测设是以槽壁水平桩为依据在槽壁弹线，或在槽底打入小木桩进行控制。如果垫层需支架模板可以直接在模板上弹出标高控制线。

（6）基础墙标高的控制。基础墙的高度是用基础皮数杆来控制的。

6. 实训中注意事项

（1）施测前要认真做好各项准备工作，绘制观测示意图，把各测量数据标在示意图上。

（2）施测过程中的每个环节都应规范操作，精心核对，保证测量精度。各环节测完后及时请有关人员检查验收。

7. 记录表

基槽验线记录表见表4.17。

表 4.17   基 槽 验 线 记 录 表

基槽验线记录		编号	
工程名称		日期	
验线依据及内容：			
基槽平面剖面简图：			
检查意见：			

签字栏	建设（监理）单位	施工测量单位		
		专业技术负责人	专业质检人	施测人

8. 提交成果

（1）学生课前自主学习小结（每小组1份，课前展示）。

（2）实训结束时小组提交现场标记出的±0.000、洒出基槽开挖线、测量和放线记录等。

（3）课后每人交实训报告1份。

相关支撑知识

知识点 1：基槽开挖边线放线。

在基础开挖前，依据基础详图上的基槽宽度和上口放坡的尺寸，由中心桩向两边各量出开挖边线尺寸，并做好标记；然后在基槽两端的标记之间拉一细线，沿着细线在地面用白灰撒出基槽边线，施工时就以此灰线进行开挖。

（1）放坡宽度和挖方宽度。基础开挖宽度和基础开挖深度与土质条件有关。若施工组织设计中对挖方边线有明确规定，撒白灰放线时就按此规定处理。若只给定放坡比例，则可参照图 4.22 按式（4.2）和式（4.3）计算挖方宽度和放坡宽度。

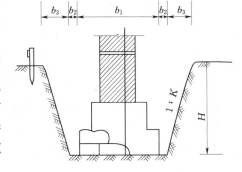

图 4.22　基础开挖宽度的确定

$$b = b_1 + 2(b_2 + b_3) \qquad (4.2)$$
$$b_3 = KH \qquad (4.3)$$

式中：b 为挖方宽度；b_1 为基础底宽；b_2 为施工工作面宽；b_3 为放坡宽度；K 为放坡系数；H 为挖方深度。

（2）施工工作面宽 b_2 的确定。施工组织设计中有规定时，则按规定计算；无规定时，计算要求为：毛石基础或砖基础每边增加工作面 15cm；混凝土基础或垫层需支模的，每边增加工作面 30cm；使用卷材或防水砂浆做垂直防潮层时，增加工作面 50cm。

（3）放坡系数的选定。若在施工组织设计中无明确规定，可按下列规定计算：

1）地质条件良好，土质均匀且地下水位低于基槽（坑）或管沟底面标高，且挖方深度不超过表 4.18 中的数值时，可直立开挖，不放坡。超过表中的挖方深度，必须进行放坡或作直立壁加支撑。

表 4.18　　　　　　　　　　　　　基础放坡的挖方深度

土的类别	挖方深度（m）	土的类别	挖方深度（m）
密实、中密的砂土和碎石类土	≤1.0	硬塑、可塑的黏土及碎石类土	≤1.5
硬塑、可塑的粉土及粉质黏土	≤1.25	坚硬的黏土	≤2.0

2）若地质条件良好，土质均匀且地下水位低于基槽（坑）或管沟底面标高时，挖方深度在 2.5m 以内不加支撑的基槽（坑），应采用表 4.19 的边坡的放坡系数。

表 4.19　　　　　　　　　　　　　基础边坡的放坡系数

土 的 类 型	放坡宽度（高：宽）		
	坡顶无荷载	坡顶有荷载	坡顶有动载
中密的砂土	1：1.00	1：1.25	1：1.50
中密的碎石类土（填充物为砂石）	1：0.75	1：1.00	1：1.25

土 的 类 型	放坡宽度（高：宽）		
	坡顶无荷载	坡顶有荷载	坡顶有动载
硬塑的粉土	1：0.67	1：0.75	1：1.00
中密的碎石类土（填充物为黏性土）	1：0.50	1：0.67	1：0.75
硬塑的粉质黏土、黏土	1：0.33	1：0.50	1：0.67
老黄土	1：0.10	1：0.25	1：0.33
软土	1：1.00		

注　静载指堆土或材料等；动载指机械挖土或汽车运输作业等。静或动载距挖方边缘的距离应保证边坡和直立壁的
　　稳定，堆土或材料应距挖方边缘 0.8m 以外，高度不超过 1.5m。

3）若为人工挖土。土不抛在槽（坑）边上而随时运走，可适当减少放坡。如有施工经验和足够资料，或采用斗式挖土机时，可不受上表的限制。但深度超过 2.5m 或底宽小于深度的槽（坑）挖方，应坚持按施工组织设计或表中规定处理，以防止塌方造成安全事故。

4）同样土质，春、夏、秋、冬四季及雨季或旱季等不同季节，土的活动情况有很大区别，要随时对土质的变化和边坡情况进行检查，及时发现与处理塌方危险。

5）若建筑场地自然地面高差较大，有的基槽虽然基础宽度相同，但挖方深度不同，在基槽放线时，可根据不同的挖方深度，随自然地面高差变化，改变基槽开挖宽度。

知识点 2：基槽开挖的深度控制。

如图 4.23 所示，为了控制基槽开挖深度，当基槽挖到接近槽底设计高程时，应在槽壁上测设一些水平桩，使水平桩的上表面离槽底设计高程为某一整分米数（如 5dm），用以控制挖槽深度，也可作为槽底清理和打基础垫层时掌握标高的依据。一般在基槽各拐角处、深度变化处和基槽壁上每隔 3～4m 测设一个水平桩，然后拉上白线，线下 0.50m 即为槽底设计高程。

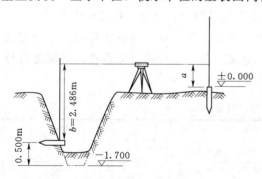

图 4.23　基槽水平桩测设

测设水平桩时，以画在龙门板或周围固定地物的 ±0.000 标高线为已知高程点，用水准仪进行测设，水平桩上的高程误差应在 ±10mm 以内。

例如，设龙门板顶面标高为 ±0.000，槽底设计标高为 -1.700m，水平桩高于槽底 0.50m，即水平桩高程为 -1.2m，用水准仪后视龙门板顶面上的水准尺，读数 $a = 1.286m$，则水平桩上的标尺应有读数为：$0 + 1.286 - (-1.2) = 2.486(m)$。测设时沿槽壁上下移动水准尺，当读数为 2.486m 时沿尺底水平地将桩打进槽壁，然后检核该桩的标高，如超限便进行调整，直至误差在规定范围以内。

知识点 3：基础墙标高的控制。

墙中心线投在垫层上，用水准仪检测各墙角垫层面标高后，即可开始基础墙

（±0.000 以下的墙）的砌筑，基础墙的高度是用基础皮数杆来控制的。基础皮数杆是用一根木杆制成，在杆上事先按照设计尺寸将每皮砖和灰缝的厚度一一画出，每五皮砖注上皮数 [基础皮数杆（图 4.24）的层数从 ±0.000m 向下注记]，并标明 ±0.000m 和防潮层等的标高位置。

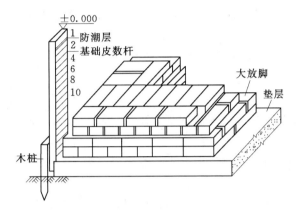

图 4.24   基础皮数杆

（1）砌体结构的基础施工测量包括哪些内容？

（2）基础墙标高的控制是用什么控制的？如何控制？

项目 5   砌体结构墙体施工测量

1. 实训目的

掌握建筑物墙体施工测量的内容与测设方法。

2. 任务与要求

（1）墙体轴线测设。找一个合适的位置模拟已完成的基础工程，假定轴线控制桩或龙门板上的轴线和墙边线标志，用经纬仪或拉细绳挂锤球的方法将轴线投测到基础面上，其投点限差为 5mm。然后用墨线弹出墙中线和墙边线，检查外墙轴线交角是否等于 90°，最后将墙轴线延伸并画在外墙基础上，如图 4.25 所示，作为向上投测轴线的依据。若实训场地有条件，再将门、窗和其他洞口的边线也在基础外墙侧面上做出标志。

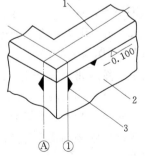

图 4.25   墙体轴线测设
1—墙中心线；2—外墙基础；
3—轴线

（2）墙体标高测设。①立"皮数杆"（可根据实训条件选择在实训场地或到正在施工墙体的现场进行）；②在墙上测设"+50 线"；③多层建筑物的墙体轴线引测。

（3）要求事先画出"皮数杆"草图。

3. 实训方式及学时分配

(1) 分小组进行, 4~5 人一组, 小组成员分工协作, 密切配合。

(2) 学时数为 4 学时, 可安排课内和部分业余时间完成。

4. 仪器、工具及附件

(1) 每组借领: 水准仪 1 台, 三脚架 1 副, 水准尺 2 根, 皮数杆 1 个, 测锤 1 个, 钢尺, 墨线。

(2) 自备: 记录板 1 块、铅笔 1 支、计算器 1 个, 测伞 1 把。

5. 实训步骤简述

(1) 墙体轴线测设。

1) 找一个合适的位置模拟已完成的基础工程, 假定轴线控制桩或龙门板上的轴线和墙边线标志。

2) 用经纬仪将轴线投测到基础面上, 其投点限差为 5mm。然后用墨线弹出墙中线和墙边线。

3) 检查外墙轴线交角是否等于 90°, 检查合格后, 将墙轴线延伸并画在外墙基础上, 如图 4.25 所示, 作为向上投测轴线的依据。

4) 若实训场地有条件, 将门、窗和其他洞口的边线也在基础外墙侧面上做出标志。

(2) 墙体标高测设。

1) 立皮数杆。皮数杆应钉设在墙角及隔墙处, 若墙长超过 20m, 中间应加设皮数杆。立皮数杆时, 先靠基础打一大木桩, 用水准仪在木桩上测设 ±0.000 标高线, 再将皮数杆的 ±0.000 地坪标高线与之对齐, 用大钉将皮数杆竖直钉立于大木桩上, 并加两道斜撑固定杆身。为了便于施工, 采用里脚手架时, 皮数杆立在墙外边; 采用外脚手架时, 皮数杆应立在墙里边。

2) 立皮数杆后, 质量检查员应用钢尺检验皮数杆的皮数划分及几处标高线的位置是否符合设计要求。并检查杆身钉立是否竖直。

3) 砌砖时在相邻两杆上每皮灰缝底线处拉通线, 用以控制砌砖, 并指导砌窗台线、立门窗、安装门窗过梁。二层楼板安装好后, 将皮数杆移到楼层, 使杆上地坪标高正对楼面标高处 (注意楼面标高应包括楼面粉刷厚度), 即可进行二层墙体的砌筑。

4) 墙体砌筑到一定高度后 (1.5m 左右), 应在内、外墙面上测设出 +0.50m 标高的水平墨线, 称为 "+50 线"。外墙的 "+50 线" 作为向上传递各楼层标高的依据, 内墙的 "+50 线" 作为室内地面施工及室内装修的标高依据。

5) 楼板安装好后, 二层楼的墙体轴线是根据底层的轴线, 用锤球先引测到底层的墙面上, 然后再用锤球引测到二层楼面上。

6) 墙体高程的引测, 可以通过皮数杆或钢尺从外墙 ±0.000 处逐层丈量。

6. 实训中注意事项

(1) 施测前要认真做好各项准备工作, 绘制观测示意图, 把各测量数据标在示意图上。

(2) 施测过程中的每个环节都应规范操作, 精心核对, 保证测量精度。各环节测完后及时请有关人员检查验收。

（3）应依据设计图纸进行各项施工测量工作。

7. 提交成果

（1）学生课前自主学习小结（每小组 1 份，课前展示）。

（2）实训结束时小组提交已立皮数杆及测设标志、记录等。

（3）课后每人交实训报告 1 份。

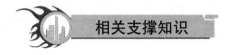

知识点 1：墙体皮数杆简介。

皮数杆用木材制成，是控制砌体标高和保持砖缝水平的重要依据。画皮数杆要按照建筑剖面图和有关大样图的标高尺寸进行，在皮数杆上应标明±0.000，砖层、窗台、过梁、预留孔及楼板等位置，杆上将每皮砖厚及灰缝尺寸，分皮一一画出，每五皮注上皮数，杆上注记从±0.000m 向上增加，故称为"皮数杆"。墙体皮数杆设置如图 4.26 所示。

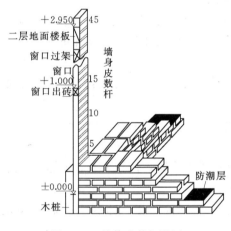

图 4.26 墙体皮数杆设置

（1）墙体标高测设包括哪些内容？

（2）如何利用皮数杆进行墙体标高控制测设？

项目 6 框架结构建筑方格网的布设

1. 实训目的

掌握施工控制网的测设方法与测设步骤。

2. 任务与要求

（1）根据场地已有的两控制点，建立以 AB、CD 为主轴线的施工方格网。

（2）建筑方格网测设的主要技术要求满足表 4.20 和表 4.21 中二级要求即可。

表 4.20　　　　　　　　　　　　建筑方格网的主要技术要求

等级	边长（m）	测角中误差（″）	边长相对中误差
一级	100～300	5	≤1/30000
二级	100～300	8	≤1/20000

表 4.21　　　　　　　　　　方格网的水平角观测的主要技术要求

等级	仪器精度等级	测角中误差（″）	测回数	半测回归零差（″）	一测回内 2C 互差（″）	各测回方向较差（″）
一级	1″级仪器	5	2	≤6	≤9	≤6
	2″级仪器	5	3	≤8	≤13	≤9
二级	2″级仪器	8	2	≤12	≤118	≤12
	6″级仪器	8	4	≤18	—	≤24

3. 实训方式及学时分配

（1）分小组进行，4～5 人一组，小组成员分工协作，轮流操作各环节。

（2）学时数为 4 学时，可安排课内和部分业余时间完成。

4. 仪器、工具及附件

（1）每组借领：经纬仪或全站仪 1 台，三脚架 1 副，水准尺 2 根，花杆或棱镜，钢卷尺，斧头，木桩，小钉。

（2）自备：记录板 1 块、铅笔 1 支、测伞 1 把。

5. 实训步骤简述

（1）在施工总平面图上布设方格网，计算出各点坐标，注意控制点坐标与方格网点的坐标必须是在同一坐标系中。

（2）主轴线的测设：①计算测设数据；②利用控制点实地放样轴线点；③检测和归化。

（3）方格网点测设，并进行归化调整，各边长和直角误差应符合技术要求。

6. 实训中注意事项

（1）由于建筑方格网的测设工作量大，测设精度要求也高，事先应做好测设方案。

（2）应严格按操作规程要求操作。

7. 提交成果

（1）学生课前自主学习小结（每小组 1 份，课前展示）。

（2）实训结束时小组提交计算数据、主轴线点、方格网点桩、测量记录等。

（3）课后每人交实训报告 1 份。

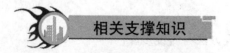

相关支撑知识

知识点 1：施工场地的平面控制测量，具体见配套教材。

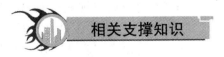

思 考 题

(1) 建筑方格网适用于什么情况？如何布设？

(2) 对建筑方格网的技术要求有哪些？

项目 7　框剪建筑轴线传递

1．实训目的

(1) 掌握高层建筑用经纬仪传递轴线的施工测量的方法与测设步骤。

(2) 掌握高层建筑用激光垂准仪传递轴线的施工测量的方法与测设步骤。

2．任务与要求

在校外实训基地的正在施工的建筑工程现场，在企业兼职教师指导下用经纬仪外控法、吊线坠法、垂准仪法分别进行轴线传递。

3．实训方式及学时分配

(1) 分小组进行，4～5 人一组，小组成员密切协作，轮流操作各环节。

(2) 学时数为 4 学时，可安排课内或部分业余时间完成。

4．仪器、工具及附件

(1) 每组借领：经纬仪 1 台，三脚架 1 副，激光垂准仪 1 台，墨线等。

(2) 自备：记录板 1 块，铅笔 1 支，计算器 1 个，测伞 1 把。

5．实训步骤简述

(1) 熟悉工程概况、施工图纸、施工现场及安全操作要求。

(2) 用经纬仪外控法进行轴线传递。

(3) 用吊线坠法向各施工楼层传递轴线。

(4) 用垂准仪法向各施工楼层传递轴线。

6．实训中注意事项

(1) 在施工现场一定要遵守操作规程，注意安全。

(2) 应事先了解工程情况，熟悉工程施工图纸。

7．提交成果

(1) 学生课前自主学习小结（每小组 1 份，课前展示）。

(2) 实训结束时小组提交相关计算记录等。

(3) 课后每人交实训报告 1 份。

相关支撑知识

知识点 1：高层建筑的楼层轴线投测，见配套教材。

思 考 题

（1）高层建筑楼层轴线投测的方法有哪些，分别在什么情况下使用？如何操作？

（2）简述使用天顶准直法进行高层建筑楼层轴线传递的方法和步骤。

项目8 框剪建筑高程传递

1. 实训目的

掌握高层建筑用水准仪传递高程的施工测量的方法与测设步骤。

2. 任务与要求

（1）在一正在施工的高层建筑现场或模拟施工现场，根据现场水准点或±0.000 标高线，用水准仪配合钢尺法将高程向上传递至施工楼层。

（2）首层已知水准点 A（H_A），用全站仪配合弯管目镜法将其高程传递至某施工楼层 B 点处。

3. 实训方式及学时分配

（1）分小组进行，4～5 人一组，小组成员团结协作。

（2）学时数为 2 学时，可安排课内完成。

4. 仪器、工具及附件

（1）每组借领：水准仪，水准尺，钢尺，全站仪，棱镜等。

（2）自备：记录板 1 块，铅笔 1 支，计算器 1 个，测伞 1 把。

5. 实训步骤简述

（1）水准仪配合钢尺法。

1）先用水准仪根据现场水准点或±0.000 标高线，在各向上引测处（至少三处）准确地测出相同的起始标高线（如＋0.50m 标高线）。

2）用钢尺沿铅直方向，由各处起始标高线开始向上量取至施工楼层，并画出＋0.50m 数的水平线。高差超过一整钢尺时，应在该层精确测定第二条起始标高线，作为再向上引测的依据。

3）将水准仪安置在施工楼层上，校测由下面传递上来的各水平线，误差应在±6mm 以内。在各施工楼层抄平时，水准仪应后视两条水平线作校核。

（2）全站仪配合弯管目镜法。

1）如图 4.27 所示，将全站仪安置在首层适当位置，以水平视线后视水准点 A，读取水准尺读数 a。

2）将全站仪视线调至铅垂视线（通过弯管目镜）瞄准施工楼层上水平放置的棱镜，测出铅直距离 h。

3）将水准仪安置在施工楼层上，后视竖立在棱镜面处的水准尺，读数为 b，前视施工楼层上 B 点处水准尺，

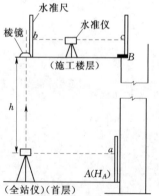

图4.27 全站仪配合弯管目镜法

读数为 c，则 B 点高程 H_B 为

$$H_B = H_A + a + h + b - c$$

这种方法传递高程比钢尺竖直丈量精度高，且操作也较方便。

6. 实训中注意事项

（1）使用前水准仪应进行检校，施测时尽可能保持前后视距相等；钢尺应进行检定，应施加尺长改正和温度改正（钢结构不加温度改正），当钢尺向上铅直丈量时，应施加标准拉力。

（2）采用预制构件的高层结构施工时，要注意每层的偏差不要超限，同时更要注意控制各层的标高，防止误差积累使建筑物总高度偏差超限。

（3）为保证竣工时 ± 0.000 和各层标高的正确性，在高层建筑施工期间应进行沉降、位移等项目的变形观测。

7. 提交成果

（1）学生课前自主学习小结（每小组 1 份，课前展示）。

（2）实训结束时小组提交高程传递的仪器安置草图及记录计算数据。

（3）课后每人交实训报告 1 份。

知识点 1：高层建筑的高程传递，见配套教材。

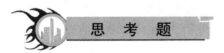

（1）框剪建筑高程传递的方法有哪些？

（2）在进行高程传递时应注意哪些问题？

项目 9 框剪结构建筑沉降观测

1. 实训目的

（1）掌握沉降观测基准点的设置。

（2）掌握沉降观测点的设置。

（3）掌握沉降观测测量内容与方法。

2. 任务与要求

在某工程建筑物周边布设最少三个以上的水准基点，基点位置一般距离建筑物 $20 \sim 40\text{m}$，然后在建筑物四周拐角及承重墙（柱）部位布设变形观测点。将基准点与变形观测点组成闭合环，用二等水准测量规范要求进行施测，全部测点需连续一次测完。必须按既定路线、测站、固定人员、固定仪器进行观测，容许高差闭合差为 $0.3\sqrt{n}\text{mm}$（n 为测站数），若精度不能满足要求，需重新监测。观测外业结束后，应进行沉降量计算，填写沉降观测成果表，绘制沉降曲线图。

3. 实训方式及学时分配

(1) 分小组进行，4～5 人一组，小组成员要团结协作，共同完成。

(2) 学时数为 2 学时，可安排课内或部分业余时间完成。

4. 仪器、工具及附件

(1) 每组借领：水准仪，水准尺，斧头，木桩，小钉。

(2) 自备：记录板 1 块，铅笔 1 支，计算器 1 个，测伞 1 把。

5. 实训步骤简述

(1) 布设水准点。

1) 按要求最少布设三个水准点，且水准点间最好安置一次仪器就可进行连测。

2) 水准点埋设时应避开受压、受振范围，埋深至少在冻土线以下 0.5m，确保水准点的稳定性。

3) 水准点离观测点的距离应小于等于 100m，以方便观测和提高精度。

(2) 布设观测点。一般在建筑物四周角点及易发生沉降变形的地方设立观测点，如承重墙和柱子基础、伸缩缝两旁、基础形式改变处、地质条件改变处、高低层建筑连接处、新老建筑连接处等。

(3) 按要求实施沉降观测。实际工程中应在建筑物基坑开挖之前，开始进行水准点的布设与观测，对沉降点的观测应贯穿于整个施工过程中，持续到建成后若干年，直到沉降现象基本停止时为止。

(4) 沉降观测的成果整理和分析

1) 整理原始记录。每次观测结束后应检查记录的数据和计算是否正确，精度是否合格，然后调整高差闭合差，推算出各沉降观测点的高程。

2) 计算沉降观测点的本次沉降量。用本次观测所得的高程减去上次观测所得的高程即得。

3) 计算累积沉降量。用本次沉降量加上次累积沉降量即得。

4) 将计算出来的各沉降观测点的本次沉降量、累积沉降量及观测日期、荷载情况等填入表 4.22 中。

5) 绘制沉降曲线。应能反映每个观测点沉降量随时间和荷载的增加的变化情况，同时还要绘制时间与累积沉降量及时间与荷载的关系曲线。

6) 根据沉降曲线的变化分析，进一步估计沉降的发展趋势及沉降过程是否渐趋稳定或已经稳定。

6. 实训中注意事项

(1) 沉降观测一般采用精密水准测量的方法，观测时应遵循相关规定。

(2) 为了提高观测精度，水准路线应尽量构成闭合环的形式。且一般采用固定观测员、固定仪器、固定施测路线的方法。

(3) 在实训过程中，每一个步骤都进行检核后再进行下一个步骤，确保所有观测数据、计算数据和点位都准确无误。

(4) 测完各观测点后，须校核后视点，同一后视点的两次读数之差不得超过±1mm。

(5) 前、后视观测最好用同一根水准尺，水准尺离仪器的距离应小于 40m，前、后视距离用皮尺丈量，使之大致相等。

（6）应定期检查水准点高程有无变动。

7．记录计算表

沉降观测记录计算表见表 4.22。

表 4.22　　　　　　　　　　　　　　　沉降观测记录计算表

观测次数	观测日期（年-月-日）	各观测点的沉降情况									施工进展情况	荷载情况（t/m³）
		1			2			3				
		高程（m）	本次沉降量（mm）	累积沉降量（mm）	高程（m）	本次沉降量（mm）	累积沉降量（mm）	高程（m）	本次沉降量（mm）	累积沉降量（mm）		
1												
2												
3												
4												
5												
6												
7												
8												
9												
10												
11												
12												

8．提交成果

（1）学生课前自主学习小结（每小组 1 份，课前展示）。

（2）实训结束时小组提交沉降观测记录计算表等。

（3）课后每人交实训报告 1 份。

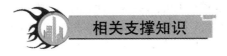

相关支撑知识

知识点 1：沉降观测点的布设。

沉降观测点是固定在建筑物结构基础、柱、墙上的测量标志，是测量沉降量的依据。故观测点的数目和位置应根据建筑物的结构、大小、荷载、基础形式和地质条件等因素而定。

观测点分两种形式：图 4.28（a）所示为墙上观测点；图 4.28（b）所示为设在柱上

的观测点，其标高一般在室外地坪＋0.5m处较为适宜。

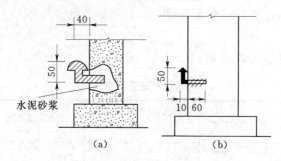

图4.28 沉降观测点的布置形式

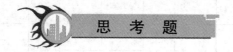

思 考 题

（1）如何进行建筑物沉降观测基准点的设置与测量？

（2）怎样进行沉降观测点的布设？

（3）说明沉降观测成果整理分析的步骤和内容。

项目10 钢结构工业厂房柱基础定位测设

1. 实训目的

掌握工业建筑钢结构工业厂房柱基础定位测设的方法与步骤。

2. 任务与要求

进行某工业建筑钢结构柱基定位测设。

3. 实训方式及学时分配

（1）分小组进行，4～5人一组，小组成员分工协作，轮流操作各环节。

（2）学时数为4学时，可安排课内或部分业余时间完成。

4. 仪器、工具及附件

（1）每组借领：全站仪，斧头，木桩，小钉。

（2）自备：记录板1块，铅笔1支，计算器1个，测伞1把。

5. 实训步骤简述

（1）如图4.29所示，根据厂房矩形控制网控制点，按照厂房柱基平面图和基础大样图有关尺寸，在厂房矩形网各边上测定基础中心线与厂房矩形网各边的交点，称为轴线控制桩（端点桩）。测定的方法是：根据矩形控制网各边上的距离指示桩，以内分法测设，距离闭合差应进行分配。

（2）用两台经纬仪分别安置在相应轴线控制桩上，瞄准相对应的轴线桩，交出柱基中心位置。如图4.29中，A—A′轴线的轴线控制桩为A、A′，2—2′轴线的轴线控制桩为2、2′，将两台经纬仪分别安置在轴线控制桩A点和2点上，对中与整平仪器，瞄准相应轴线控制桩A′和2′，两方向交点即为2号柱基的中心位置。

（3）按照基础图，进行柱基放线，用灰线把基坑开挖边线在实地标出。在开挖边线外约 0.5～1.0m 处方向线上打人四个定位桩，钉以小钉子标出柱基中线方向，供修坑立模之用。

（4）依此方法，测设出厂房全部柱基。

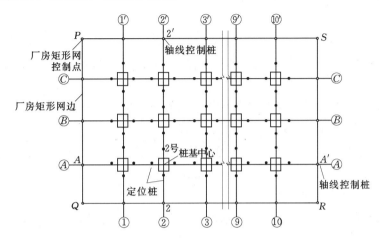

图 4.29　厂房柱基础定位略图

6．实训中注意事项

（1）在进行柱基定位测量时，有的一个厂房的柱基类型不一，尺寸各异；有时定位轴线不一定都是柱基础中心线，测设时应注意搞清楚。

（2）应在浇筑基础混凝土前后各进行一次定位放线检验测量。

（3）基础中心线及标高检验测量的允许偏差，应符合国标《建筑地基基础工程施工质量验收规范》（GB 50202—2002）、《砌体工程施工质量验收规范》（GB 50203—2011）、《混凝土结构工程施工质量验收规范》（GB 50204—2010）、《钢结构工程施工质量验收规范》（GB 50205—2001）的有关规定。

7．提交成果

（1）学生课前自主学习小结（每小组 1 份，课前展示）。

（2）实训结束时小组提交基础定位测设的定位桩及记录计算内容等。

（3）课后每人交实训报告 1 份。

相关支撑知识

知识点 1：钢结构工业厂房施工测量，见配套教材。

思　考　题

（1）钢结构工业厂房施工测量包括哪些内容？

（2）说明钢结构工业厂房基础定位测设的内容和方法。

项目 11　管 道 纵 横 断 面 测 量

1. 实训目的

掌握管道纵横断面测量的基本操作方法。

2. 任务与要求

（1）在教师指导下，完成管道中线定线测量工作、纵横断面测量和纵横断面图的绘制。

（2）经过此实训后，要求学生具备组织、实施中小型管道测量工作能力。

3. 实训方式及学时分配

（1）分小组进行，4～5 人一组，小组成员要分工协作。

（2）学时数为 4 学时，可安排课内或部分业余时间完成。

4. 仪器、工具及附件

（1）每组借领：DS_3 水准仪 1 台，水准尺 1 对，50m 皮尺 1 盘，花杆 2～3 根，斧头 1 把，木桩若干、红油漆、毛笔等。

（2）自备：记录板 1 块，铅笔 1 支，计算器 1 个，测伞 1 把。

5. 实训步骤简述

在老师的指导下，从选定的管道中线首点开始，选取 160m 左右的管道长度，完成管道的中线定线测量工作，纵、横断面测量，纵、横断面图的绘制。

工作任务和完成时间，由指导教师根据实际情况统一安排。

（1）管道的中线测量。管道中线测量是在地形图选线的基础上，通过管道中线的定线测量工作，在地面上标定出管道的中心线的起点、转折点以及终点的位置，测出管道中线的长度和转折角度值。

当管道较长时，中线测量前，应先在管道沿线布测四等水准路线，作为中线测量和纵、横断面测量的高程控制点。

首先用木桩标定管道起点位置，在桩侧面上用红漆标注里程桩号 0＋000（"＋"号前为整千米数，"＋"后为米数），此后沿着初选线路，用皮尺量距，每 40m 的标准间隔设置一个里程桩，并标注桩号。如果在标准间隔内遇有重要地物或地形明显变化，应增设加桩，并标注桩号。当遇到转折点时，应用经纬仪测定转折角。

（2）管道的纵断面测量。如图 4.30 所示，在管道中线测定完毕后，以水准测量的方式，根据管道沿线的四等水准点，分段组成附合水准路线，逐段测定每一个中线桩和加桩的桩顶高程及地面高程（也可以测桩顶高程，量取桩高）。当横断面间隔较小时，可以采用多个间视的方法测定桩顶高程。将观测数据依次填入记录表中。

（3）管道的横断面测量。横断面测量就是要测出各里程桩垂直于管道中心线方向上，一定宽度范围（一般为 10～50m）内的横向地面高低变化。横断面方向的确定，通常采用目估法或直角器法。常用的横断面测量方法有花杆皮尺法、水准仪法、经纬仪视距法三种方法，本次实训采用水准仪法。

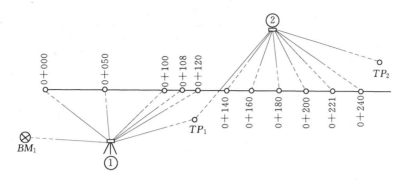

图 4.30　水准仪法测量纵断面

如图 4.31 所示，在起伏不大的地区，将水准仪安置在两个横断面中间，可以一站测量两个横断面。测量时，将其中一个中桩作为后视，读数后计算出视线高程；而后分别向左、右逐点读取地面坡度变化点上水准尺的前视读数，并计算尺底高程；同时用皮尺拉平量取中桩到立尺点间的水平距离，应尽量使皮尺的零点位于中桩，量取从中桩开始的累积平距。如果要分段量取水平距离，应注意清除量距误差的积累。另外，应绘制草图区分中桩左右点。

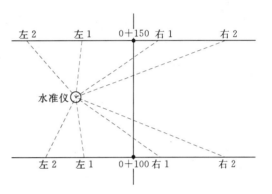

图 4.31　水准仪法测量横断面

（4）纵断面图的绘制。纵断面图就是根据各个中线桩的地面高程及桩间的水平距离关系，按一定比例尺绘在方格纸上，相邻点以直线相连而成的图形。

常用的水平距离比例尺有 1∶500、1∶1000、1∶2000；高程比例尺 1∶100，特殊情况也可采用 1∶50、1∶200。

（5）横断面图的绘制。横断面图的绘制基本上与纵断面图相同。只是为了求解断面面积的方便，通常纵横比例尺均采用相同的数值，如均为 1∶100。原地面线（用实线）按照横断面测量成果绘出后，还应套绘本桩号的设计断面（用虚线），本断面的填挖图形即显现出来。

6. 实训中注意事项

（1）中线定线工作在教师统一指导下，根据已有的地形图或相关教学资料进行。

（2）注意纵、横断面测量中桩位、点位的选择。

7. 记录表

纵断面和横断面水准测量记录表分别见表 4.23 和表 4.24。

8. 提交成果

（1）学生课前自主学习小结（每小组 1 份，课前展示）。

（2）实训结束时小组提交记录表等。

（3）课后每人交实训报告 1 份（附纵横断面图）。

表 4.23　　　　　　　　　　　　纵断面水准测量记录表

测站	桩号	水准尺读数（m）			高差（m）		仪器视线高程（m）	高程（m）
		后视	前视	间视	＋	－		

表 4.24　　　　　　　　　　　　横断面水准测量记录表

测站	桩号	水准尺读数（m）			仪器视线高程（m）	高程（m）	备注
		后视	前视	中间视			

测站	桩号	水准尺读数（m）			仪器视线高程 （m）	高程 （m）	备注
		后视	前视	中间视			

相关支撑知识

知识点 1：管道施工测量，具体方法见配套教材。

思 考 题

（1）简述管道纵横断面测量的内容和方法。

（2）如何绘制管道的纵横断面图？

第5章 测量综合能力实习训练

1. 实习目的

测量综合能力训练是在课堂教学结束之后在实训场地集中进行综合训练的实践性教学环节。通过训练，使学生了解工程测量的工作过程，熟练地掌握测量仪器的操作方法和记录计算方法；掌握大比例尺地形图测绘的基本方法和地形图的应用；能够根据工程情况编制施工测量方案，掌握施工放样的基本方法；培养学生的动手能力和分析问题、解决问题的能力，逐步形成严谨求实、吃苦耐劳、团结合作的工作作风。

2. 实习项目、内容、计划安排及要求

共三周时间，主要完成两个项目，即建筑总平面图测绘和建筑施工测量的综合能力训练，具体实习项目、内容、计划安排及要求见表5.1。

表 5.1　　　　　　　　　　实习项目、内容、计划安排及要求

序号	项目或工作安排	内容	时间（天）	任务与要求
1	测前准备工作	动员、借领仪器工具，仪器检校，踏勘测区	1	布置实训任务，做好测前准备工作，对水准仪、经纬仪进行检验和校核
2	项目1　建筑总平面图测绘（经纬仪大比例尺地形图测绘）	水准仪测高程，经纬仪闭合导线测量的外业工作	3.0	掌握水准仪，经纬仪的综合应用方法
		导线测量的内业工作，地形图测绘	5.0	测绘1：500比例尺地形图6～12个方格，掌握经纬仪大比例尺地形图测绘的基本方法
3	项目2　校外实训基地建筑施工测量综合实习（或校内模拟仿真建筑施工测量综合实习）	熟悉图纸；制定施工测量方案或学习现场已制定的施工测量方案；施工控制测量；建筑物定位、放线、高程测设；建筑物沉降观测等	3.5	根据地形图设计一个给定的建筑物的平面位置，学习施工测量方案案例或制定出施工测量方案，根据控制点测设施工控制网；根据建筑基线进行建筑物的定位、放线，±0.000标志的测设，进行建筑物的沉降观测等
		检查各种定位放样结果	0.5	对定位放线进行验线检查
4	操作考核	仪器操作考核	0.5	经纬仪、水准仪、全站仪等的操作考核
5	听讲座	测绘新仪器、新技术学习	0.5	请专业技术人员进行测绘新仪器、新技术介绍讲座或组织学生在施工现场或仪器公司观摩学习；组织学生进行参加GPS接收机、各种激光测量仪器、绘图仪等的参观或讲座等
6	编写并提交成果	编写、上交综合实训报告书	1	编写、整理各项资料，上缴综合实训报告书
7	合计		15	

3. 主要技术依据

（1）相关的规程规范。如《1：500、1：1000、1：2000 地形图图式》（GB/T 20257.1—

2007)、《工程测量规范》（GB 50026—2007），地方的建筑工程测量规程等。

（2）施工图纸。

（3）工程测量的控制点。

4．实习仪器和工具

实习各环节所需设备和工具。

高程控制：DS$_3$ 水准仪，三脚架，水准尺，尺垫等。

平面控制：全站仪，棱镜，DJ$_6$ 经纬仪，三脚架，测钎，钢尺等。

碎步测量：图板，聚酯薄膜绘图纸，坐标展点器或量角器，DJ$_6$ 经纬仪，三脚架，测钎等。

施工测量：全站仪，棱镜，木桩，斧头，钢卷尺等。

记录计算：水准记录本，测回法记录本，碎步测量记录本，2H 铅笔等。

其他：地形图图式，实习报告纸等。

5．实习组织方式

实习分小组进行，每组 5～6 人，选组长 1 人，负责组内实习分工和仪器管理。组员在组长的统一安排下，分工协作，搞好实习。分配任务时，应使每项工作均由组员轮流担任，不要单纯追求进度。

6．实习主要步骤和方法

项目 1　建筑总平面图测绘

（1）实习前的准备工作。实习动员，准备实习资料，领取仪器工具、记录手簿和计算表格。

（2）水准仪、经纬仪的检校。

（3）地形控制网的布设。

选点前应收集测区原有地形图和控制点等资料，根据测区范围、已知点分布和地形情况，拟定导线布设的初步方案，然后到实地确定导线点位置。

（4）选点。按照实际生产情况，图根平面控制通常选择闭合导线。选点时应该注意：①导线点应选在通视良好，视野开阔，便于安置仪器，便于观测，便于保存的地方；②导线点应分布均匀，有足够密度，相邻边长应大致相等。导线的边长和密度应符合表 5.2 的规定。

表 5.2　　　　　　　　　　　　　　　　　　图根导线边长及密度要求

测图比例尺	平均边长 （m）	边长总和 （m）	每平方公里 图根点数	每幅图 图根点数
1∶500	75	900	120	8
1∶1000	110	1800	40	10

若导线点为临时点，则只需在点位打一个木桩，桩顶面钉一个小钉，其小钉几何中心即为点位；若点位在水泥路面，则在点位上钉一个水泥钉即可；需长期保存的点，应埋设混凝土标石，标石中心钢筋顶面应有十字线，十字交点即点位。

选点后，对所选点位统一编号并绘制点位略图。

（5）图根平面控制测量。

1）磁方位角或连接角测量。独立测区可采用磁方位角定向，采用罗盘仪测定导线起始边的磁方位角；如果测区附近有已知边，导线起始边与已知边采用支导线的形式连接，连接角采用测回法观测两个测回。

2）转折角观测。采用测回法观测两个测回，沿逆时针方向观测导线前进方向的左角。

测回法限差要求：半测回差不大于 $\pm36''$，测回差不大于 $\pm24''$，对中限差不大于 3mm，整平限差（水准管气泡不偏离 1 分划格）。

注意事项：DJ_6 经纬仪读数秒数应为 6 的倍数，分和秒必须记录两位数，如 $6''$ 记录为 $06''$；一测回只能配盘一次，并且是在上半测回开始之前，配完盘务必弹开配盘手轮；对中整平要到位，观测过程中出现气泡偏离一格以上，应在测回间重新整平；观测过程中一定要用十字丝交点瞄准测钎尖部，并且每次尽量瞄准目标同一位置。

3）边长测量。边长测量采用钢尺丈量的方法，也可用全站仪测量。

钢尺丈量可以用单程两次丈量或往返丈量，相对误差不大于 1/2000。单程两次丈量时，用不同的起始数据量两次，两次观测值互差不大于 3mm。

全站仪测量方法见前"全站仪三要素测量"。

4）图根导线内业数据处理。按导线计算方法计算各导线点的坐标。

图根导线角度闭合差限差

$$f_{\beta允}=\pm60''\sqrt{n}$$

式中：n 为闭合导线内角个数。

图根导线全长相对闭合差限差：$K\leqslant\dfrac{1}{2000}$。

（6）图根高程控制测量。

1）高程控制网布设。按照测区实际情况选择高程控制网形式，通常选择单一水准路线，并且使水准点和导线点公用。

2）四等水准测量观测。测站观测程序：后—后—前—前（黑—红—红—黑）。

3）四等水准测量测站技术要求。最低视线（下丝）高度不小于 0.3m，视线长度不大于 75m；前、后视距差不得超过 $\pm3m$，累积视距差不得超过 $\pm10m$；同一把尺黑红面读数差（即 $K+$ 黑—红）不得超过 $\pm3mm$；同一测站黑、红面高差之差不得超过 $\pm5mm$。

表 5.3　　　　　　　　　　　　　水 准 路 线 技 术 要 求

等级	每千米高差中误差	路线长度(m)	水准仪型号	水准尺	观测次数		往返较差，附合或环线闭合	
					与已知点联测	符合或环线	平地(mm)	山地(mm)
四等	10	$\leqslant16$	DS_3	双面	往返各一次	往一次	$\pm20\sqrt{L}$	$\pm6\sqrt{n}$
等外	15	—	DS_3	双面	往返各一次	往一次	$\pm40\sqrt{L}$	$\pm12\sqrt{n}$

4）四等水准测量注意事项。读数时应按观测程序读取，记录员要复述，以避免读记错误；记录计算程序要清晰，区分清前、后尺的尺常数；各站各项限差均符合要求后方可

搬站，否则应重测；仪器未搬站时，后视尺不得移动；仪器搬站时，前视尺不得移动；记录要做到美观大方，字体规范，字迹清晰，严禁用橡皮擦拭，不得连环涂改；水准记录每个读数的前两位如有错记现象，则可用斜线划掉，在其上方填写正确数字，每个读数的后两位决不允许改动，否则被认为是篡改或伪造数据；记录字体的大小应为格宽的 2/3，字体应为正规手写体，应用 2H 铅笔填写。

5）四等水准路线计算。按水准路线计算方法，计算出所有水准点的高程。

（7）控制点加密。地形测图时，应充分利用图根控制点设站测绘碎部点，若因视距限制或通视影响，在图根点上不能完全测出周围的地物和地貌时，可以采用测边交会、测角交会等方法增设测站点。也可以采用经纬仪支距法增设测站点，这种方法简便易行，操作步骤为：

1）将经纬仪安置在某一个控制点上，对中、整平、定向。

2）测出已知方向与所选加密控制点方向之间的水平角 β 或照准方向的方位角，用视距法测出测站点与所选点位间的水平距离和高差，计算出加密控制点的坐标和高程。

3）将此点作为图根点使用。

（8）碎部测量。

1）展绘控制点。在毫米方格纸上按比例尺展绘出各控制点；划分图幅，确定出各图幅的西南角坐标；按地形图图式的要求将控制点展绘在聚酯薄膜绘图纸上。各控制点展绘好后，可用比例尺或坐标展点器在图上量取各相邻控制点之间的距离，和已知的边长相比较，其最大误差在图纸上不得超过 0.3mm，否则应重新展绘。

2）碎部测图。碎部测量步骤参照前面的经纬仪测绘法。

碎部测量注意事项：仪器对中误差不大于 0.05mm 图上距离；在碎部测图过程中，每完成一测站后，应重新瞄准零方向，检查经纬仪定向有无错误。定向误差不超过 4′；采用经纬仪法测图时，碎部点的最大视距长度：1/500 的测图不得超过 75m；测图中，立尺点的多少，应根据测区内地物、地貌的情况而定。原则上要求以最少数量（必需量）的确实起着控制地形作用的特征点，准确而精细描绘地物、地貌。因此，立尺点应选在地物轮廓的起点、终点、弯曲点、交叉点、转折点上及地貌的山顶、山腰、鞍部、谷源、谷口、倾斜变换和方向变换的地方。一般图上每隔 2～3cm 要有一个地形点，尽量布置均匀；碎部点高程对于山地注记至 0.1m，对于平地注记至 0.01m。等高距的大小应按地形情况和用图需要来确定；按要求测出测区内所有地物地貌，并按《地形图图式》中的要求绘出。地形图上所有线划、符号和注记，均应在现场完成，并应严格遵循看不清不描绘的原则。

3）精度评价。选一些明显的地物地貌点，再次测得它到控制点的距离及其高程，计算较差，算出点位中误差和高程中误差，判断精度是否符合要求。

（9）图面整饰，图边拼接，检查验收。

1）检查。碎步测量完成之后，要进行检查工作，为保证成图精度，每个小组要进行室内和室外两部分检查。

室内检查内容：图根点的密度是否满足要求，外、内业数据是否正确，原图上地物和地貌是否清晰、易读，地物符号是否正确等。

室外检查：包括仪器检查和巡视检查。

仪器检查：直接用仪器观察若干个碎部点，与原图进行比较。

巡视检查：携带图板与实际地形对照，主要检查地物地貌有无遗漏，地物的注记是否正确等。

以上检查中发现的错误，应及时纠正，错误过多则需补测或者重测。

2）整饰。一般顺序为：控制点、独立地物、次要地物、高程注记、等高线、植被、名称注记、外图廓注记等。要求达到真实、准确、清晰、美观。

3）拼接。直接在聚酯薄膜上拼接。

4）验收。验收工作由上一级有关人员（如教师）进行。

（10）技术总结。整理上交成果，写出技术总结或实习报告、个人小结，进行成绩考核。

项目 2　建筑施工测量

（1）测前准备工作。

（2）熟悉施工图纸。

（3）学习建筑施工测量方案案例或制定施工测量方案。

（4）根据控制点测设施工控制网。

（5）根据建筑基线进行建筑物的定位、放线，±0.000 标志的测设。

（6）建筑物轴线传递和高程测设。

（7）建筑物的沉降观测等。

（8）技术总结：整理上交成果，写出技术总结或实习报告、个人小结，进行成绩考核。

7. 提交实习成果

（1）每个实习小组应提交下列成果：

1）经过严格检查的各种观测手簿。

2）整饰合格的地形图。

3）现场测设标志。

（2）每个人应提交下列成果：

1）控制网的选点草图。

2）经纬仪导线计算成果。

3）四等水准测量计算成果。

4）控制点成果表。

5）实习报告（技术总结、个人总结等）。

8. 成绩评定

实习成绩根据小组成绩和个人成绩综合评定。按优、良、中、及格、不及格等五级评定成绩。

（1）小组成绩的评定标准。

1）观测、记录、计算准确，图面整洁清晰，按时完成任务等。

2）遵守纪律，爱护仪器。组内外团结协作。

3）组内能展开讨论，及时发现问题解决问题，并总结经验教训。

（2）个人成绩的评定。

1）能熟练按操作规程进行外业操作和内业计算。

2）达到记录整洁、美观、规范。

3）计算正确、结果不超限。

4）遵守纪律，爱护仪器，劳动态度好。

5）出勤好。缺勤一天不能得优，缺勤两天不能得良，缺勤三天不能得中，缺勤四天不及格。

6）实习报告整洁清晰，项目齐全，成果正确。

7）考试成绩：包括实际操作考试，理论计算考试。

8）实习中发生吵架事件、损坏仪器、工具及其他公物、未交实习报告、伪造数据、丢失成果资料等，均作不及格处理。

（3）仪器操作考核标准（见表5.4）。

表 5.4　　　　　　　　　　　　　　仪 器 操 作 考 核 标 准

考核内容		标准	标准分数	
			水准	经纬
安置仪器	架仪器	动作熟练、方法正确	3	3
	整平	手指转动熟练、正确	7	6
	对中	动作熟练、方向正确		6
观测	瞄准	调焦正确、各螺旋使用正确、读数迅速、准确	5	5
	读数		5	10
	结果	正确	10	10
记录		字迹工整、清晰	3	3
计算		计算正确、工整、清晰	5	5
收仪器		动作熟练、方法正确	2	2
限差		满足精度要求	5	5

备注：1. 水准满分45分，经纬满分55分。

　　　2. 如果观测结果"限差"超限，可以重测，但要扣5～10分，重测后仍超限，在总成绩中扣分（水准：15分，经纬25分）。

　　　3. 观测内容：水准仪：双面尺法进行一个测站的观测；经纬仪，测回法观测水平角一测回。

　　　4. 2人一组，1人观测，1人记录。

参 考 文 献

［ 1 ］ 郑庄生．建筑工程测量．北京：中国建筑工业出版社，1992.
［ 2 ］ 刘玉珠．土木工程测量．广州：华南理工大学出版社，2001.
［ 3 ］ 李生平．建筑工程测量．北京：高等教育出版社，2002.
［ 4 ］ 魏静，王德利．建筑工程测量．北京：机械工业出版社，2004.
［ 5 ］ 周建郑．建筑工程测量．北京：化学工业出版社，2005.
［ 6 ］ 蓝善勇．建筑工程测量．北京：中国水利水电出版社，2007.
［ 7 ］ 薛新强，李洪军．建筑工程测量．北京：中国水利水电出版社，2008.
［ 8 ］ GB 50026—2007　工程测量规范．北京：中国计划出版社，2007.
［ 9 ］ 聂俊兵，赵得思．建筑工程测量．郑州：黄河水利出版社，2010.
［10］ 全志强．建筑工程测量．北京：测绘出版社，2010.
［11］ 王晓春．地形测量．北京：测绘出版社，2010.
［12］ CJJ/T 8—2011　城市测量规范．北京：中国标准出版社，2011.
［13］ 赵国忱．工程测量．北京：测绘出版社，2011.
［14］ 张茂林，张博．工程测量技术实训．郑州：黄河水利出版社，2009.